在迷茫的大千世界里突出重围

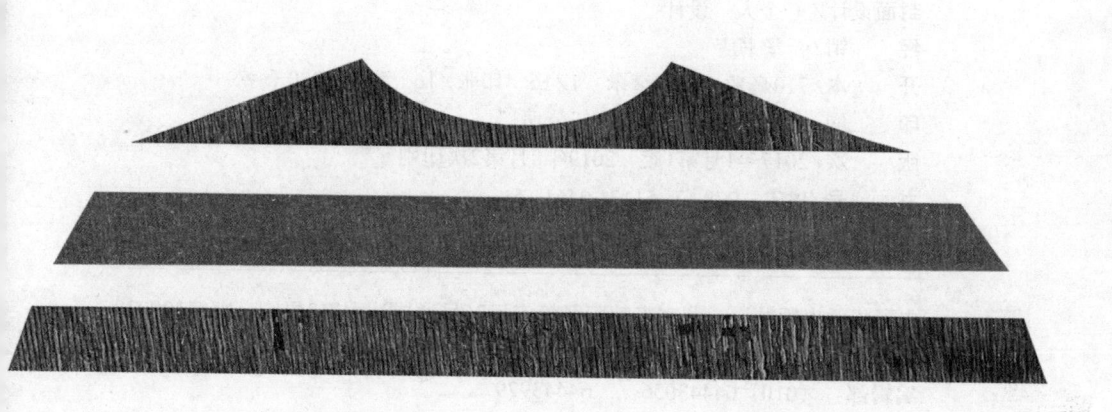

文静 编著

中国华侨出版社

图书在版编目（CIP）数据

在迷茫的现实里突出重围 / 文静编著．—北京：中国华侨出版社，2016.11

ISBN 978-7-5113-6461-6

Ⅰ．①在… Ⅱ．①文… Ⅲ．①人生哲学－通俗读物 Ⅳ．①B821-49

中国版本图书馆CIP数据核字（2016）第256785号

● 在迷茫的现实里突出重围

编　　著/文　静
责任编辑/文　喆
封面设计/一个人·设计
经　　销/新华书店
开　　本/710毫米×1000毫米　1/16　印张/16　字数/230千字
印　　刷/北京一鑫印务有限责任公司
版　　次/2017年1月第1版　2019年8月第2次印刷
书　　号/ISBN 978-7-5113-6461-6
定　　价/32.00元

中国华侨出版社　北京市朝阳区静安里26号通成达大厦3层　邮编100028
法律顾问：陈鹰律师事务所
编辑部：（010）64443056　64443979
发行部：（010）64443051　传真：64439708
网　　址：www.oveaschin.com
E-mail：oveaschin@sina.com

前言 preface

"也许你不相信,也许你没留意,有多少人羡慕你,羡慕你年轻。这世界属于你,只因为你年轻,你可得要抓紧,回头不容易。你可知道什么原因有人羡慕你,只因为他们曾经也年轻……"

年轻,多么美好的一个词语,就生命而言,还有什么比年轻更有意义?年轻,就意味着精力充沛,年轻,就意味着还有时间去发挥自己的精力与活力,用自己的努力去追逐财富,去获得自己想获取的每一样东西。

虽然理想与现实总有些差距,但你必须记住,你所在的年龄不是妥协的时期。人这一辈子,如果在这个年龄还不去闯,还不去追逐自己想要的东西,而是接受生活随心所欲的安排,那活得还有什么劲?!如果是这样,你的生活都是灰的,别人看到的你都是黯淡的。

所以趁年轻、趁还有勇气充满电,把自己想做的梦全部化作行动吧。趁你还年轻,还没有太多的生存压力与生活牵绊,别对世界低头认尿。

趁年轻,多向人迹罕至的地方走一走,去欣赏沿途的风景,打破一成不变的生活,抓住生活的每一颗珍珠,然后在回忆里穿成最美的记忆，照耀彼时的岁月。

趁年轻，为自己的梦想执着一次，也许你的坚持并不能得到大家的支持和认可，但请你不要轻易放弃，当我们的演出即将落幕时，希望你还能笑着说，我年轻的时候执着过。

趁年轻，相信梦想，相信希望，相信你的双手可以把头脑中的蓝图画到生活中。等到儿孙满堂的时候，希望你能坦然对他们说，你们现在的生活，就是我曾经的奋斗目标。

虽然，也许你现在羽翼未丰，但是，只要你愿意把梦想带在身边。需要的时候，它就能给我们力量，就在那儿，在我们的心底，不近，也不远。

趁年轻，勇敢去追吧，至少应该让这个世界知道我们曾经来过，在生命的颁奖典礼上留下属于自己的脚印，人生短短数十载才不会显得单薄。不要等白发苍苍的那天，再去后悔自己曾在年轻时荒芜了那么一片大好的时光。

去吧，走自己想走的路，勇敢去梦去闯，因为我们年轻！

目录 contents

第一篇　既然做梦，干脆就做大一点

　　也许你不相信，有多少人羡慕你，也许你没留意，这世界属于你，只因为你年轻。年轻，就别辜负生命，趁年轻，带着梦想任性一次。它没有厚爱，也不会有歧视，最重要的是能激发人的潜能。只要心怀梦想，加以勤奋和努力，你就成功了一半。趁年轻，忠于梦想，总有非凡故事。

成功在一开始仅仅是一个选择 …………………… 2
每个人心里都应该有一座山 ……………………… 5
你的糟糕现状并不影响你的未来 ………………… 7
你的人生目前还差一份大策划 …………………… 10
务必想清楚自己想要成为什么样的人 …………… 12
把自己想象成你希望成为的那种人 ……………… 15
尽量把自己想象得不同凡响一些 ………………… 17
你相信什么，你的世界就会出现什么 …………… 19
期望值越高，实现的可能性就越大 ……………… 21
马上行动！否则想得再多都没用 ………………… 23

步步为赢，每一阶段都要有所斩获 ……………… 25
全力以赴，要做就要做到最好 …………………… 28
你不抛弃梦想，梦想便不抛弃你 ………………… 30
不要让梦想成为超出实际的幻想 ………………… 34
别在不属于你的地方浪费太多力气 ……………… 36

第二篇　就算是一朵小花，也要向着天空怒放

就算是小花，也没有被剥夺怒放的权利。命运，一直藏匿在我们的思想里。许多人迈不出逆转命运的第一步，并非因为他们先天条件比别人差多少，而是因为他们没有想过要将先天阴影划破，也没有耐心慢慢地找准一个方向，一步步地向前，直到眼前出现新的蓝天。

再小的花儿，也要努力绽放 ………………………… 40
就算长得慢，也别放弃成才 ………………………… 43
去编织自己的人生遮雨伞 …………………………… 46
莫甘贫穷，然后去摆脱贫穷 ………………………… 49
没有盘缠，就带着梦想上路 ………………………… 52
从卑微的地方向着不卑微处走 ……………………… 55
为了你的自尊去做最大的努力 ……………………… 57
拥有一颗自强自信的心 ……………………………… 60
长得不美，你就活得漂亮一些 ……………………… 62
用满心志气去化解人生的刻薄 ……………………… 64
把生命中的缺憾活成圆满 …………………………… 67

笨鸟先飞，你就能比别人早到 …………………………… 69
再难熬的日子，也别把梦想弄丢了 …………………… 72
始终要相信自己能够创造奇迹 ………………………… 74
准确的人生定位是前进的不竭动力 …………………… 77
心中有种子，就有开花结果的时候 …………………… 79

第三篇　趁年经，为自己的梦想执着一次

　　被自己荒废的梦想，在年老回顾一生的时候最令人痛心不已。所以趁年轻，为自己的梦想执着一次，也许你的坚持并不能得到大家的支持和认可，但请你不要轻易放弃，当我们的演出即将落幕时，希望你还能笑着说，我年轻的时候执着过。

跟随心声，走自己的路 …………………………………… 84
自己的梦想，自己去实现 ………………………………… 86
听自己的话，做自己的事 ………………………………… 87
别人越泼冷水越要让自己沸腾 ………………………… 90
在倒彩声中捂着耳朵前行 ………………………………… 92
没有谁能够阻止你靠近梦想 …………………………… 94
不要过早地给自己投否定票 …………………………… 96
如果挖井，就挖到水出为止 …………………………… 99
再试一次，也许结果就不一样 ………………………… 102
执着，能使成功成为必然 ……………………………… 104
认准了，就把背影留给这世界 ………………………… 106

毅力能助你实现梦想 …………………………………… 109

抗过了风雨，就能迎来彩虹 …………………………… 112

只要还在走，前路的风景就属于你 …………………… 114

第四篇　不走寻常路，因为不想太寻常

　　创新，让世界焕发光彩；个性，让人生充满生机。不走寻常路，彰显的是动人的个人魅力。想要走向不寻常的成功，我们就要走不寻常的路。不走寻常路，不是一意孤行的叛逆，而是另辟蹊径的积极心态；不是刻意地哗众取宠，而是精巧地塑造自我。趁年轻，走不寻常的路，走适合自己的路，抒写不一样的青春吧！

墨守成规的人，常将自己锁死 …………………………… 118

不走寻常路，便又多一条出路 …………………………… 120

独特的思路，才能成就独特的人生 ……………………… 123

"不可能"只是自己设置的障碍 ………………………… 125

就算想法离奇，只要努力就可能实现 …………………… 127

轻易放弃就只能与平庸为伍 ……………………………… 130

你必须在机遇与风险中有所选择 ………………………… 132

走得最远的，常是愿意冒险的人 ………………………… 135

征服危机，它就是你人生的转机 ………………………… 136

果断一点，该出手时绝不要缩手 ………………………… 140

想成功，就不能害怕犯错误 ……………………………… 142

要敢于做第一个吃螃蟹的人 ……………………………… 144

冒险的同时，也要能控制风险……………… 148
在其他人都忽视的地方掘金子……………… 149
陷入困局时，不妨掉转一下角度…………… 151
直路走不通，就从弯路绕过去……………… 154
善于变通，乌鸦也能猎到羊………………… 156
只要有眼光，废物也能变为宝……………… 159
把退路斩断，便会出现新的出路…………… 161

第五篇 全力以赴，哪怕只走一小步，也是向前

　　这个世界每天都在流转、变化、进步，如果你今天不走快点，那么明天可能就要用跑，后天也许就看不清前进的方向了。现在，你不必去考虑梦想何时才能实现，只要认准了，努力向前跑就是了。梦想有时候很近，有时候很远，但只要脚步不停，总有抵达的一天。

别说如果，人生看的是结果………………… 166
钻石或许就藏在你家后院…………………… 168
想要有所收获，就要主动寻找……………… 171
有了好想法，马上推进它…………………… 172
如果不去尝试，怎么知道不成……………… 175
就算机会渺茫，也要搏一搏………………… 177
在平凡小事中琢磨出不平凡………………… 180
每一件小事都要做到极致…………………… 182
每一条信息都别轻易放过…………………… 184

比别人多做点，机会就更多点………………………………186
每天走一小步，也是向前…………………………………188
别怕流汗水，切莫流泪水…………………………………190
做事，就要把自己做成佼佼者……………………………192
把时间花在进步上，而不是虚度…………………………194
用有限的时间创造更多的价值……………………………196
高能高效，打造个人竞争优势……………………………198
永远不要让自己落在别人后面……………………………200

第六篇　收拾一地的碎片，重新再来

　　无论灾难或是幸福，无论失败或是成功，都是通过你，也只能通过你来完成。每一个渴望在未来的日子里享受成果的人，都必须首先把握自己、战胜自己。很多人不断向生活的苦难深渊掉落，根本不是因为来自外部的力量超过了人的承受能力，而仅仅是因为他们无法跨越那最大的障碍——自己。

奔驰的前方，总会有障碍……………………………………204
你不允许，没有什么可以击倒你…………………………206
抖掉身上的泥土才不会被埋葬……………………………208
在厄运中达观明智便可战胜命运…………………………210
心崩溃了，你的世界也就崩溃了…………………………213
把生机紧紧攥在自己手里…………………………………214
在危机中为自己创造新的契机……………………………217

从被人推倒的地方重新爬起来 …………………………… 219
就算跌倒100次，也要第101次爬起来 …………………… 221
只要还在尝试，就还没有失败 …………………………… 224
摔倒了，也要抓起一把沙子来 …………………………… 226
在失败的废墟里，也能挖出金子 ………………………… 229
收起眼泪，再上一级 ……………………………………… 231
生命再黯淡也要保持眼睛的明亮 ………………………… 233
放下抱怨，抖擞精神，一路向前 ………………………… 235
相信自己，总有一件事你能做好 ………………………… 237
若是有能力，处处都是你的舞台 ………………………… 239

第一篇
既然做梦，干脆就做大一点

也许你不相信，有多少人羡慕你，也许你没留意，这世界属于你，只因为你年轻。年轻，就别辜负生命，趁年轻，带着梦想任性一次。它没有厚爱，也不会有歧视，最重要的是能激发人的潜能。只要心怀梦想，加以勤奋和努力，你就成功了一半。趁年轻，忠于梦想，总有非凡故事。

成功在一开始仅仅是一个选择

你每天的行动与选择，决定了你未来的人生轨迹。成功就是从选择目标开始。人生目标越是高远，你的成就可能就会越大。那些在人生中能够取得非凡成就的人，都是在默默无闻的时候就为自己选择了远大而不乏可能性的目标。

"4年前，小米刚刚创立，在中关村，十来个人、七八条枪要去做手机，有谁相信我们能赢？"雷军在乌镇参加全球互联网峰会时说道。"手机这个行业是刀山火海，前面有三星、有苹果，后面有联想、有华为……一个正常人想到智能手机，就觉得这个市场竞争很激烈。

"3年前，我们的产品刚刚发布，仅仅用了3年时间，谁能想到，这十来个人的小公司，在这样竞争激烈的市场里面，杀到了全中国第一、全球第三。我们今天有这样的业绩、有这样的起跑线，我觉得我们总应该有这么一点点梦想，用5到10年时间杀到全球第一吧。梦想还是要有的……

"我有天晚上从梦中醒来，我问了自己一个问题：我40岁了，在别人眼里功成名就，已经退休了，还干着人人都很羡慕的投资。我还有没有勇气去追寻我小时候的梦想？岁数越大，谈梦想就越难，大家现在都是最有梦想的时候，你们到了40岁的时候，还有梦想吗？面对残酷的现实，还有几个人能笑对今天、笑对明天？

"我当时问我自己，还有没有勇气去试一把。这么试下去风险很高，有可能身败名裂，有可能倾家荡产，而且更重要的是，我在别人眼里已经是一个成功者，我需要冒这么大的风险去做一件这么艰难的事情吗？其实我真的犹豫了半年时间。最后我觉得，这种梦想激励我自己一定要去赌一把，只有这样做，我的人生才是圆满的，至少当我老了的时候，还可以很自豪地说：我曾经有过梦想，我曾经去试过，哪怕输了。我最后下定了决心，创办了小米。刚开始，我认为我百分之百会输，我想的全部是我会怎么死，但我真的很庆幸，我们竟然只用了3年，取得了一个令我自己都无法相信的结果。

"我为什么会有这样的梦想？因为我18岁那年，我在图书馆无意之中看了一本书，改变了我的一生。那是1987年，我上大学一年级，那本书叫《硅谷之火》，讲述的是20世纪70年代末、80年代初，硅谷英雄们的创业故事，其中主要的篇章就是讲乔布斯的。书中说，乔布斯在那个年代，代表着美国式的创业。我记得20世纪90年代比尔·盖茨很成功的时候，他说'我不过是乔布斯第二'，乔布斯在80年代就已经如日中天。当时看了这本书，激动的心情久久难以平静。我清晰地记得，我在武汉大学的操场上，沿着400米的跑道走了一圈又一圈，走了个通宵，我怎么能塑造与众不同的人生？在中国这个土壤上，我们能不能像乔布斯一样，办一家世界一流的公司？我觉得只有这样，我才无愧于我的人生，才会使我自己觉得，人生是有价值、有意义、有追求的。

"当我有这样的梦想后，我认为放到口头上是没有用的，怎么能够落实到实际的学习和工作中,这才是最重要的。我当时给自己制订了第一个计划:两年修完大学所有的课程。我用两年时间完成了目标。我是当时武汉大学为数不多的双学位获得者,而且我绝大部分的成绩都是优秀,在全年级一百多人里排名第六。

"有梦想是件简单的事情,关键是有了梦想以后,你能不能把梦想付诸实践。你要怎么去实践,你怎么给自己设定一个又一个可行的目标?当然,有了这样的目标还不够,因为要成功不是一件简单的事情,需要你长时间的坚韧不拔、百折不挠。

"我在40岁的时候,没有忘记18岁的梦想,我去试了。我经常跟很多年轻人交流梦想。我自己特别喜欢一句话,叫作'人因梦想而伟大'。只要你有了梦想,你就会变得与众不同。周星驰也讲过一句名言,叫'做人如果没有梦想,跟咸鱼有什么分别'。所以关键的是,要有梦想,有梦想是你迈向成功的第一步,有了第一步以后,你一定要为自己的梦想去准备各种坚实的基础。"

最伟大的成就在最初的时候也只是一个梦想,梦想是我们未来的辉煌。也许,你现在的环境并不很好,但只要有梦想并为之奋斗,那么,你的环境就会改变,梦想就会实现。

成功在一开始仅仅是一个选择,但是你选择了什么样的梦想,就会有什么样的成就,就会有什么样的人生。杰出人士与平庸之辈的根本差别并不是天赋、机遇,而在于有无梦想和梦想的高远与否。

每个人心里都应该有一座山

有人问英国登山家马洛里:"为什么要攀登世界最高峰。"他回答:"因山就在那里。"其实,每个人心里都应该有一座山,去攀登这座山,有时纯粹只是精神上的一种体验。为了这种体验,可能要体会常人所不能想象的苦,结局也未必美好,可因为拥有了过程,就此生无憾了!至少它可以证明,我们曾经年轻过。

他在农村长大,从小钟爱唱歌。初中毕业后,他开始学吉他,渐渐在当地小有名气。音乐就是他的全部,当他全力去追逐梦想时,却被乡亲们看作不务正业。就连父母也反对,劝他脚踏实地,早点成家,安心过日子。但是,梦想的召唤,让他无法平静。他瞒着父母,从家里跑出来,到了陌生的北京。

最后找到后海,没见到大海,到处都是酒吧。他无比兴奋,满怀期望,一家家去问,要不要歌手,无一例外被拒绝。他乡音太重,没人坚信他能唱好歌。走了大半夜,脚抬不动了,得找个地方过夜。他身上只带了几十元钱,别说住店,吃饭都成问题。他抱着吉他,在地下人行通道里睡了一夜。

第二天,他继续找工作。幸运的是,一家酒吧答应让他试唱。露宿了两夜,他总算找到安身之所:两间平房中间有条巷子,上方搭了个盖，就是一间房。房间不到两平方米，能容下一张床，进门就上床，伸手就能摸到屋顶。头顶上方是个鸽子窝，鸽子起飞时，飞舞的羽毛从窗外飘进来，绝无半点诗意。虽然简陋，好歹能遮风挡雨，最主要的是便宜，才200元钱一个月。他告诉房东，我给你100元，住半个月。身上没钱，即使这100元，他还得赊欠。

不久后，他发现自己并不适合酒吧。为了让更多人分享自己的音乐，他决定离开酒吧，去街头献唱。选好地方，第一次去，他连吉他都没敢拿出来就做了逃兵。他脸皮太薄，连续3天都张不开嘴。第四天，他喝了几两白酒壮胆，最后唱出来了。清澈的嗓音，伴着悠扬的琴声，仿佛山涧清泉流淌，无数人被他的歌声打动，驻足流连。他的歌被传到网上，他的歌迷越来越多。这个叫阿军的流浪歌手，渐渐为人所知，大家都叫他"中关村男孩"。

他离梦想似乎更近了，可有多少人了解他背后的艰辛？没有稳定的收入，他只能住地下室；没有暖气，冬天跟住在冰窖里差不多；为了省电费，只能用冷水洗头；不穿浅色衣服，伙食定量，十元钱大米吃一个星期，两顿饭一根大葱，三天一包榨菜。每次家人打来电话，他总是说在酒吧唱歌，住员工宿舍，整洁卫生，还有暖气。他学习并领悟了心安理得地说谎，再苦也不想回家。梦想那么大，只有北京才装得下。

其实，他完全能够不用受这份苦。家里的条件不是太差，有新房子，有深爱他的兄弟姐妹，父母都期望他早日成家。他能够像身边的同龄人一样，在老家找一份简单的工作，安安稳稳地过一辈子。但是，心里总有一个声音在呼唤，梦想让他无法抗拒。他说："我还年轻，如果不出来闯一闯，一辈子都不得安宁。"

在这个世界上，还有许多像阿军一样的人，他们走得很急，发愤地追逐着自己的梦想。有的人可能会给这个世界留下些什么，有的人可能只能成为过客，但都没有关系，如果你定下一个高层次的目标，就算失败了，也能收获很多。

登山者之所以能够征服高山，是因为他的心就有那样一个高度；航海者之所以能够征服海洋，是因为他的心就有那样一个广度。每个人心中都应该有一座山、一片海，这山、这海，其实就是目标，活着，就得有目标。世界上多少伟大的事业就是靠着这目标所产生的力量而成就的。

你的糟糕现状并不影响你的未来

你现在的情况可能并不好，但并不代表你的未来一定也不好，你永远不要做的事就是看不起自己，就算很多人都不看好你。如果你想走遍世界，你的心就必须向着世界走。

很多人最大的弱点就是自我贬低。这种毛病在诸多方面显示出来。例如，张三在报上看到一份他喜欢的工作，但是他没有采取行动，因为他想："我的能力恐怕不足，何必自找麻烦！"

认识自己的缺点是很好的，可借此谋求改进。但如果仅认识自己的消极面，就会陷入混乱，对自己毫无信心，觉得自己毫无价值。要诚实、全面地认识自己，绝不要看轻自己。过分低估自己的能力，遇事总是战战兢兢，会让自己因丧失机会而取得的实际成就比你应该达到的大大缩水。

来听一段俞敏洪老师的讲话，这会令你受益匪浅。

"我从同学们的眼光中，看到你们对未来的期待，看出对自己未来的希望，看出自己对未来的事业、成就和幸福的追求。希望同学们有这样一个信心，这个信心就像我讲座的标题所说的那样，永远不要用你的现状来判断你的未来。人一辈子有时会犯两个错误：第一个错误就是你会断定自己没什么出息，你会说我家庭出身不好，父母都是农民，或者说我上的大学不好，不如北京大学、哈佛大学，或者说我长得太难看了，以至于根本就没人看得上我等，由此来断定自己这辈子基本上没有什么出息。我在北大的时候，基本上就这么断定自己的，断定到最后，差点儿把自己给弄死。因为自己断定自己没出息，变得非常地郁闷，最后得了一场肺结核。第二个错误是什么呢？同学们，我们常常会判断别人失误，比如说你看到周围某个人，好像显得挺木讷的，这个人成绩也不怎么样，也没人喜欢，你就断定说，这个家伙这辈子没什么出息。所以，我们这辈子最容易犯的两个错误是：一个是觉得自己这辈子可能不会有大的作为；另一个是料定别人不会有作为。

"面向未来，通常会有两种人：一种人是自己想要有所作为，并且坚定不移地相信自己的未来会有所作为；还有一种是从心底里不相信自己会有所作为的人。同学们想一想，未来成功的会是哪一种人？一定是前面的一种人。为什么？原因很简单，因为人是这样的动物，就是心有多大，你就能走多远。如果你想走出这个礼堂，只要一分钟的时间；你想走出南广学院的校园，也只要半个小时不到的时间；你想走出南京，也就是两个小时的时间。但是，你要是想走遍世界的话，你的心必须要向世界走。我为什么今天还能站在这儿和大家讲话呢？就是因为我从小就有一种感觉，这个感觉就是越过地平线，走向远方的一种渴望，我希望自己能够不断地穿越。就像中国著名的企业家、万科集团的王石一样，他想要不断爬到世界最高峰，爬了一次，还想爬第二次。他知道，每一次征服都给自己带来一次新的高度，就是这种感觉。我知道在座的同学们没有一个人会没有梦想，没有一个人会没有渴望，没有一个人会说我这辈子就去种地算了，没有人会这么说。人总希望自己成为伟大的艺术家，总希望自己成为伟大的事业家，或者伟大的企业家等。但是，为什么有的人做到了，有的人没有做到？就是因为做到的人，他一定从心底里相信，自己这辈子一定能做成事情。尽管我在北大的时候比较自卑，但是在这个自卑的背后，我还是相信，既然自己能从一个农民的儿子奋斗成北大的学生，我就能够从北大奋斗到更高的一个台阶，我从心底里相信自己能够做到，所以我就做到了。当然，这个相信不是盲目的自信，不是狂妄，不是说别人都觉得你不是人，你自己还觉得自己挺是人的那种样子，而是一种理性的自信，在自信背后是持续不断地努力。"

　　你如何看待自己，一定会影响你的行为，至于你对自己优缺点的描述，都在一定程度上决定了他人对你的印象。自贬身价没有一点好处，不要自贬身价，成为自己可怕的敌人。即使是开玩笑，也不要看轻自己。任何时候都不要看轻自己，当你一旦对自己有了信心，并为心中的目标不懈奋斗时，你的人生也许就会揭开新的一页。

你的人生目前还差一份大策划

一项调查显示，每100个人中就有98个人对现在的生活状况不满意，难道他们不想改变吗？

没有钱的人，他们不想有钱吗？职位低的人，他们不想高升吗？工作乏味的人，他们不想有一个更适合自己的工作吗？孤单的人，他们不想有一个美满的家庭吗？想，他们当然想，那么这个"想"字就代表了一种愿望、一个目标、一个蓝图。只是他们不知道通过什么样的途径实现目标，也就是不能为自己的目标做一个规划。

如果你不知道要到哪儿去，通常你哪儿也去不了。我们在畅想生活的美好前景时，心里会激动不已，可一旦涉及如何完成这个目标的行动时，又往往觉得无从下手、难上加难。很多目标就这样被一个"难"字卡住了。实际上事情的完成不可能轻而易举，目标永远高于现实，从低往高走哪有不费力的道理。关键在于规划，在于要充分挖掘自身潜力，制订一个具体可行的计划。

规划，就是人生的基本航线，有了航线，知道自己想要去哪里，我们就不会偏离目标，更不会迷失方向，生命之舟才能划得更远、驶得更顺。

第一篇　既然做梦，干脆就做大一点

日本著名企业家井上富雄年轻时曾在 IBM 公司工作。可是不幸的事情发生了，由于他体质较弱再加上过分卖力，导致积劳成疾，一病不起。他凭着强大的意志与病魔对抗 3 年之久，终于得以康复，并重新回到公司工作。

这个时候他已经 25 岁了，他觉得自己浪费了太多的时间，现在亟须为自己的未来制订一份计划。这样，一份未来 25 年的人生计划诞生了，这是他第一次为自己制订人生计划。此后，他每年都为自己未来的 25 年订立新的计划。比如 27 岁时，制订了到 52 岁时的人生计划；到了 30 岁时，制订了 55 岁时的人生计划。

由于担心过分逞强会引起旧病复发，井上富雄需要一种既能悠闲工作又可快速休息的方法。最初他是这样想的：好吧，别人花 3 年时间做到的，我就花 5 年时间去做；别人花 5 年时间，我就花 10 年时间，只要有条不紊，一步步前进，总是会有成就的。

他一直在思索，"如何才能以最少的劳力，消耗最少的精力，以最短的时间达到目的。"换言之，他一直在规划着一种既不过分劳累又能获得成功的人生战略。他依据现实情况，不断对规划作出调整，追加新的努力目标，使自己的人生追求逐渐扩展充实起来。他为自己的人生规划做足了准备，当他还是一个办事员的时候，就已经开始具备了科长的能力；当上科长以后，他又开始学习经理应当具备的能力；做了经理以后，就进一步学习怎么去做总经理。他的升迁比别人要快得多，这一切都得益于他所制定的人生规划。

到了 47 岁，他干脆离开 IBM，自己开始创业，之后，他取得了更加辉煌的成就。对于后辈们，他给出了这样的忠告："做什么事都要有计划。计划会促使事情的早日完成或理想的早日实现。"

人生从来就不是一个轻松的过程，假如你漫无目的、毫无规划地生活，只会让你的人生一团乱麻。生活中几乎每个人都有这样的经历：假日清晨一觉醒来，觉得今天没有什么重要的事情需要处理，就会东游西逛，懒懒散散地度过一天，但如果我们有一个非做不可的计划，不管怎样多少都会有点成绩。

务必想清楚自己想要成为什么样的人

如果一个人不知道他要驶向哪个码头，那么任何风都不会是顺风。

刘易斯·卡罗尔的《爱丽丝漫游奇境记》中有这样一个场景：

爱丽丝问猫："请你告诉我，我该走哪条路？"

"那要看你想去哪里？"猫说。

"去哪儿都无所谓。"爱丽丝说。

"那么走哪条路也就无所谓了。"猫说。

因为去哪儿都无所谓，所以走哪条路都无所谓，这是很多人的生活写照，因为没有目标，所以索性走一步算一步，自己不知道该怎样做，别人也帮不了他们，而且就算别人说得再好，那也是别人的观点，不能转化成他们的有效行动。

所有成功人士都有目标。如果一个人不知道他想去哪里，不知道他想成为什么样的人、想做什么样的事，他就不会成功。

第一篇 既然做梦，干脆就做大一点

齐瓦勃出生在美国乡村，只受过很短的学校教育。15岁那年，家中一贫如洗的他到一个山村做了马夫。然而雄心勃勃的齐瓦勃无时无刻不在寻找着发展的机遇。

3年后，齐瓦勃来到钢铁大王卡内基所属的一个建筑工地打工。一踏进建筑工地，齐瓦勃就抱定了要做同事中最优秀者的决心。当其他人抱怨工作辛苦、薪水低而怠工的时候，齐瓦勃却默默地积累着工作经验，并自学建筑知识。

一天晚上，同伴们在闲聊，唯独齐瓦勃躲在角落里看书。那天恰巧公司经理到工地检查工作，经理看了看齐瓦勃手中的书，又翻开他的笔记本，什么也没说就走了。第二天，公司经理把齐瓦勃叫到办公室，问："你学那些东西干什么？"齐瓦勃说："我想我们公司并不缺少打工者，缺少的是既有工作经验、又有专业知识的技术人员或管理者，对吗？"经理点了点头。

不久，齐瓦勃就被升任为技师。打工者中，有些人讽刺挖苦齐瓦勃，他回答说："我不光是为老板打工，更不单纯为了赚钱，我是在为自己的梦想打工，为自己的远大前途打工。我只能在业绩中提升自己。我要使自己工作所产生的价值，远远超过所得的薪水，只有这样我才能得到重用，才能获得机遇！"抱着这样的信念，齐瓦勃一步步升到了总工程师的职位上。25岁那年，齐瓦勃又做了这家建筑公司的总经理。

卡内基的钢铁公司有一个天才工程师兼合伙人琼斯，在筹建公司最大的布拉德钢铁厂时，他发现了齐瓦勃超人的工作热情和管理才能。当时身为总经理的齐瓦勃，每天都最早来到建筑工地。当琼斯问齐瓦勃为什么总来这么早时，他回答说："只有这样，有什么急事的时候，才不至于被耽搁。"工厂建好后，琼斯推荐齐瓦勃做了自己的副手，主管全厂事务。两年后，琼斯在一次事故中丧生，齐瓦勃便接任了厂长一职。

因为齐瓦勃的天才管理艺术及工作态度，布拉德钢铁厂成了卡内基钢铁公司的灵魂。因为有了这个工厂，卡内基才敢说："什么时候我想占领市场，市场就是我的。因为我能造出又便宜又好的钢材。"几年后，齐瓦勃被卡内基任命为钢铁公司的董事长。

后来，齐瓦勃终于自己建立了大型的伯利恒钢铁公司，并创下非凡业绩，真正完成了他从一个打工者到创业者的飞跃。而他的经历告诉我们，只要你始终坚持为自己的梦想打工、为自己的远大前途打工的信念，你终能实现从打工者到创业者的惊人飞跃。

人活着，不要只是"过一生"，而是要用梦想引领你的一生。

每一个人生下来都是有梦想的。年少时期，一根竹竿可以当马骑，为什么长大后梦想没有了呢？不要怕把你的梦想告诉别人，不要怕把自己的梦想讲出去感染和影响别人。我们应该相信自己是能够成功的，因为我们生来就是为了成功的。冥冥之中你这么认定，心底就会有这样的一种声音时刻响起，因为心中有梦，而且还有逐梦的行动，若干年后，你也可能是第二个马云、俞敏洪、李彦宏。

把自己想象成你希望成为的那种人

在人的本性中有一种倾向，我们把自己想象成什么样的人，就真的会成为什么样的人。

"我"会成为哪种类型的人？是成功者还是失败者？人们都会思考这个问题。而且在成长的过程中，也会不断通过别人的评价、自己的经历，下意识地给自己勾画出一幅幅心理图像。遗憾的是，这些图像大部分都是消极的、否定的，在很多人看来，成功只属于那些天分极高或是背景极厚的人，而像自己这样才智平平、家世平平的人，注定与成功无缘。

其实这是个由不自信造成的错误，是我们太小瞧自己了。人在出生的那一刻都是平等的，没有谁注定渺小，后来之所以千差万别，不是命运的戏弄，也不是条件的差异，很大程度上是因为个人内心对自己的期望值不一样：有的人一直以成功者定位，有的人则自轻自贱、放任自流，结果人生质量就产生了巨大差异。正像著名心理学家詹姆斯·艾伦所说的那样："一个人能否成功取决于他的想法，我们有什么样的愿望，想成为什么样的人，就会无意识地、不自觉地向实现愿望的方向运动。"

那么，如果我们能够反复地把自己想象成某一类型的成功者，自然也会全力以赴向着那个目标奋斗，直到成功为止。这是潜意识的作用，潜意识是无所不能的，只要你能够重复想象，并且相信自己的感觉，肯为自己的感觉不遗余力，只要它是现实的，就能够实现。

英国女孩艾丽丝出生在平民家庭，辍学以后来到一家服装店做售货员，虽说平时的工作很轻松，但是艾丽丝不想自己一直都是个售货员，她觉得自己将来可以成为自己想要成为的那种人。

这家服装店的老板是个高贵的女人，很会做生意，而且在各个方面都是接近完美的，艾丽丝想成为她那样一个优雅而又独立的女性，她在心里把自己想象成了女老板，每天都会模仿老板的笑容、姿势以及气质和修养。

这家服装店在市里颇有名气，来光顾的都是一些上流社会的女人，艾丽丝觉得自己以后也可以过那样的生活，她又把自己想象成贵妇人，学习她们的雍容之姿。

渐渐地，艾丽丝身上有了那些气质，上流社会女性的气质，那些贵妇人们都很喜欢她，老板也对她赞赏有加，最后，当老板的生意扩充以后，将这间店交给了艾丽丝管理。

看到了吗？一个人最终的成就不决定于他的出身，也不受外界环境所主宰，关键是他的想法如何。

现在的你，不论贫穷还是貌丑，都应该把自己想象成一个非常积极、非常热情、非常成功的人，把自己想象成一个天生的赢家，每天花点时间重复这个画面，把它刻在你的心里。这样不断通过积极的暗示改变自己的内在，潜意识就会慢慢引导你的行为，不断配合你的暗示做出改变，你就可以成为自己想要成为的那个人。

尽量把自己想象得不同凡响一些

一个有人生追求的人,可以把"梦"做得高些。虽然开始时是梦想,但只要不停地做,不轻易放弃,梦想就能成真。就算我们不能登上顶峰,但可以爬上半山腰,这总比待在平地上要好得多。

保罗·乔治出生在加拿大安大略省的一个小镇。他一共有8个兄弟姐妹,家境贫寒,所以15岁就到采石场干活了。但保罗·乔治并不甘心自己的一生就困在采石场中,他常常会利用一些闲暇时间听老人们讲述小镇的历史。从那些交谈中,他了解到了外面的世界与小镇的差距,他决定要到外面闯一闯。18岁那年,他辗转来到多伦多,又从那里到了美国。

在美国的生活非常困苦,有多少次他都想回到家乡,感受家乡的温暖,但每每此时,另一个声音就会在心中响起:"你是要改变命运的!"

在不懈地努力下,20岁时,保罗·乔治获得了石匠资质认证,不久,政府决定在林肯纪念碑上雕刻林肯的"葛底斯堡讲演词",乔治凭借出色的技艺成功入选。在雕刻林肯讲演词的时候,乔治被林肯的人生经历彻底打动了。他想:林肯早期的命运几乎和自己一样,但他坚信自己会是个出色的人,在一次次的失败以后一次次地站了起来，最后竟然成了最伟大的总统。那么，如果自己决心改变命运，也一定是能够做得到的。

从那一刻起，他心中的信念更坚定了：保罗·乔治一定能够成为更有用的人！他要当律师。乔治过去只在小镇上过几年学，想到华盛顿大学国家法律中心学习，这个事情的难度不言而喻，何况他每天还要参加大量的工作。但是，困难并没有削弱乔治改变命运的意志，他一下班就去夜校进修英文，他的工作兜里除了凿子、锤子还时刻都装着课本，他在吃饭的时候都不忘记学习……

天道酬勤。保罗·乔治终于考入了华盛顿大学国家法律中心，他在几年的时间里先后获得了法学学士和法学硕士学位。他先是在华盛顿担任律师，工作非常出色，得到了人们的认可，也为自己积累了足够的资本。后来，他前往纽约开办了一家法律事务所，逐步进入了美国的上流社会。

一个人最终的成就不决定于他的出身，也不受外界环境所主宰，关键是他的想法如何。

远大的理想信念是人生的精神支柱，它使人产生积极进取、奋发向上的力量和顽强拼搏的决心。一个人如果胸无大志，仅仅追求物质的满足，那么他的人生将是不健全、不幸福的。因为幸福生活是物质生活和精神生活的统一。没有精神的愉悦，即使物质生活再充裕，也是痛苦的。

所以，如果你是一株小草，那么起码要梦想着自己能点缀绿茵场；如果你是一粒种子，一定要让自己朝着大树生长；如果你是一只蝴蝶，也不妨试试飞向天际。如果现阶段你的所有目标都实现了，那说明你的梦想还不够远大。

你相信什么，你的世界就会出现什么

所有的成功者都是大梦想家：在冬夜的火堆旁，在阴天的雨雾中，梦想着未来。有些人让梦想悄然消失，有些人则细心培育、维护，直到它安然度过困境，迎来光明和希望，而光明和希望总是降临在那些真心相信梦想一定会成真的人身上。

在美国加州，一个叫作罗伯特·舒尔的孩子在日记本上写下这样一段话："我要建造一座伊甸园。"

1868年，舒尔成为了一名博士，他把自己心中的伊甸园画了下来：那是一座水晶的大教堂。但建造这座教堂至少要花费700万美元。

但是，他仍为自己的梦想而努力，连日来奔波于大街小巷，反复在各地做着不同的讲座。

第60天，第65天，第90天……无数人被他的执着所感动，纷纷捐款。1920年9月，历时12年，这座人间的伊甸园建成。

从此，游人络绎不绝，舒尔一举成名，这也成为他一生的荣耀。

你相信什么，什么就是真的，你相信什么，你的世界就是什么。我们常以为自己太平凡，平凡得似乎对这个世界一点用都没有，然后我们按着这个想法生活，结果就真的活得一点用都没有。其实我们完全可以活得连自己都对自己刮目相看，只要你愿意相信这是真的。

大概在金·凯瑞十几岁的时候，他就下定决心一定要成功。他的家庭背景不怎么好，所以他每天就只好在那里搞笑，每天看着镜子做那些奇怪的鬼脸。

假如你看过金·凯瑞的电影，你一定会很好奇地想，他的嘴巴怎么可以咧那么大？他的脸怎么可以歪成那个样子？事实上那是他连续练习15年的结果。

在那个时候金·凯瑞下定决心一定要成功。有一天，他拿出一张空白支票，上面写着："这个支票要付给金·凯瑞1000万美金，在1995年年底，要拥有1000万美金的现金。"他开了一张支票，后来就把这张空白支票携带在自己身上。每天有空的时候，就把这张1000万美金的支票拿出来看——"金·凯瑞得到1000万美金，在1995年年底"，"金·凯瑞得到1000万美金，在1995年年底"……每天这样看。很巧的是，在1995年，金·凯瑞从事电影的第二年，他得到一个契约，高达2000万美金一部片子，超过他原来的期望。

金·凯瑞的父亲过世后，他来到父亲的墓地，把那张空白支票摆在他父亲的旁边，他说："父亲，我终于成功了！"

我们因梦想而伟大，同样也因梦想而幸福。只要我们在内心的土壤播下希望的种子，它就可以生根、发芽、开花、结果。虽然实现梦想的道路，不会是一帆风顺，也许会经历无数的坎坷和挫折，但是只要我们坚定信念，相信付出就会有回报，努力就有收获，相信自己必然无可限量，任何艰难都不会成为我们的阻碍。只要怀抱希望，生命自然会激情绽放。

期望值越高，实现的可能性就越大

人都会有这样的体会：当你确定只走1千米路的时候，在完成800米时，便会有可能感觉到累而松懈自己，以为反正快到了。但如果你要走10千米路程，你便会做好思想准备，调动各方面的潜在力量，这样走七八千米，才可能会稍微放松一点。梦想与现实的关系也同样如此，你的梦想越远大，你为之而付出的努力就会越多，即便达不到自己理想的状态，你也能够取得非凡的成就。

一个具有远大梦想的人，毫无疑问会比一个根本没有目标的人更有作为。有句苏格兰谚语说："扯住金制长袍的人，或许可以得到一只金袖子。"那些志存高远的人，所取得的成就必定远远离开起点。即使你的目标没有完全实现，你为之付出的努力本身也会让你受益终身。

一个炎热的日子，一群人正在铁路的路基上工作，这时，一列缓缓开来的火车打断了他们的工作：火车停了下来，最后一节车厢的窗户——顺便说一句，这节车厢是特制的并且带有空调——被人打开了，一个低沉的、友好的声音响了起来："大卫，是你吗？"大卫·安德森——这群人的负责人回答说："是我，吉姆，见到你真高兴。"于是，大卫·安德森和吉姆·墨菲——铁路公司的总裁，进行了愉快的交谈。在长达 1 个多小时的愉快交谈之后，两人热情地握手道别。

大卫·安德森的下属立刻包围了他，他们对于他是墨菲铁路公司总裁的朋友这一点感到非常震惊！大卫解释说，20 多年以前，他和吉姆·墨菲是在同一天开始为这条铁路工作的。

其中一个人半认真半开玩笑地问大卫，为什么他现在仍在骄阳下工作，而吉姆·墨菲却成了总裁。大卫非常惆怅地说："23 年前我为 1 小时 1.75 美元的薪水而工作，而吉姆·墨菲却是为这条铁路而工作。"

美国潜能成功学大师安东尼·罗宾说："如果你是个业务员，赚 1 万美元容易，还是赚 10 万美元容易？告诉你，是 10 万美元！为什么呢？如果你的目标是赚 1 万美元，那么你的打算不过是能糊口罢了。如果这就是你的目标与你工作的原因，请问你工作时会兴奋有劲吗？你会热情洋溢吗？"

卓越的人生是梦想的产物。可以说，梦想越高，人生就越丰富，达成的成就就越卓绝。相反，梦想越低，人生的可塑性越差。也就是人们常说的："期望值越高，达成期望的可能性越大。"

马上行动！否则想得再多都没用

谁无所事事地度过今天，就等于放弃了明天，懒汉永远不可能获得成功，没有机遇只是失败者不能成功的借口。

当你看着别人的幸福羡慕忌妒时，当你因为没有财富而落魄痛苦时，你一定也曾在心里为自己描绘过一些美丽的画面，可是为什么没能去实现？也许就是那么一会儿工夫，你觉得前面的路实在难走，你害怕了，你退缩了，你又走回了老路。

其实人生说易不易说难不难，这世界比你想象中更加宽阔，你的人生不会没有出口，走出蚁居的小窝，你会发现自己有一双翅膀，不必经过任何人的同意就能飞。

多年前，英国一个偏远的小镇上住着一位远近闻名的富商，富商有个19岁的儿子叫希尔。

一天晚餐后，希尔欣赏着深秋美妙的月色。突然，他看见窗外的街灯下站着一个和他年龄相仿的青年，那青年身着一件破旧的外套，清瘦的身材显得很羸弱。

他走下楼去，问那青年为何长时间地站在这里。

青年满怀忧郁地对希尔说："我有一个梦想，就是自己能拥有一座宁静的公寓，晚饭后能站在窗前欣赏美妙的月色。可是这些对我来说简直太遥远了。"

希尔说："那么请你告诉我，离你最近的梦想是什么？"

"我现在的梦想，就是能够躺在一张宽敞的床上舒服地睡上一觉。"

希尔拍了拍他的肩膀说："朋友，今天晚上我可以让你梦想成真。"

于是，希尔领着他走进了富丽堂皇的别墅。然后将他带到自己的房间，指着那张豪华的软床说："这是我的卧室，睡在这儿，保证像天堂一样舒适。"

第二天清晨，希尔早早就起床了。他轻轻推开自己卧室的门，却发现床上的一切都整整齐齐，分明没有人睡过。希尔疑惑地走到花园里。他发现，那个年轻人正躺在花园的一条长椅上甜甜地睡着。

希尔叫醒了他，不解地问："你为什么睡在这里？"

年轻人笑笑说："你给我这些已经足够了，谢谢……"说完，年轻人头也不回地走了。

20年后的一天，希尔突然收到一封精美的请柬，一位自称"20年前的朋友"的男士邀请他参加一个湖边度假村的落成庆典。

在这里，他不仅领略了眼前典雅的建筑，也见到了众多社会名流。接着，他看到了即兴发言的庄园主。

"今天，我首先感谢的就是在我成功的路上，第一个帮助过我的人。他就是我20年前的朋友——希尔……"说着，他在众多人的掌声中，径直走到希尔面前，并紧紧地拥抱他。

此时，希尔才恍然大悟。眼前这位名声显赫的大亨欧文，原来就是20年前那位贫困的年轻人。

酒会上，那位名叫欧文的"年轻人"对希尔说："当你把我带进别墅的时候，我真不敢相信梦想就在眼前。那一瞬间，我突然明白，那张床不属于我，这样得来的梦想是短暂的。我应该远离它，我要把自己的梦想交给自己，去寻找真正属于我的那张床！现在我终于找到了。由此可见，人格与尊严是自己干出来的，空想只会通向平庸，而绝不是成功。"

理想不是想象，成功最害怕空想。很多人想法颇多，但大多只是空想，他们年复一年地勾画着自己的梦想，但直至老去，依然一事无成。这是很可怕的。所以说，若想做成一件事，就要先入局。在实践中充实自己、展现自己的才能，将该做的事情做好，证明自身的价值，如此你才能得到别人的认可。

步步为赢，每一阶段都要有所斩获

很多时候，我们之所以会半途而废，往往不是因为目标难度较大，而是觉得成功离我们太远，确切地说，我们不因为失败而放弃，而是因为倦怠而失败。人生需要激励，需要一个又一个的成就来刺激自己。当我们成功、成功、再成功之时，人生就会进入良性循环，我们才不会因为倦怠而失败，才能够时刻保持足够的激情，时刻焕发旺盛的斗志。

从这个角度上说，我们必须在"远大目标"与现实之间找到一些"接力点"。这些接力点虽然不是最终目标，却是最近、到达最快的"终点"。到达这些"接力点"于我们的能力而言，应该不需花费太大力气，通过它们，我们可以逐步实现自己的目标。

那天去朋友的图文公司，偶然听到这样一段对话，那是一位年轻的求职者，要打印几张简历，因为不是很忙，工作人员便和他搭讪：

"工作找得怎么样？"

"还可以吧，一会儿还要去一家公司应聘。"他笑着说。

"准备应聘什么职位？"

求职者笑而不语。工作人员有些好奇，复印的时候就多看了几眼他的简历——哇，竟然是副总经理！抬头再看过去，年纪和自己不相上下，不由得感叹：

"你真不简单。"

他又笑一下，"这没什么，在工厂里待了5年了，大多数职位都干过，有过半年的总经理特别助理经验，今天与这家单位的老总谈得也还可以。"

这时，工作人员已经把他的简历看完。真的不简单！做过人事行政主管、财务主管、生产主管，离职前是一家3000多人港资企业的总经理特别助理。

工作人员再次赞叹："你的确是不简单，短短5年工夫就能在这些大企业的重要部门做了主管，是不是有很高的学历或者留洋背景。"

"我的学历也不是很高，只是一个普通的本科生而已。"

"那你的目标为什么能实现得这么快呢？"

他笑了笑,"其实也没什么,我只是把目标具体细化,再分段实现而已。"

原来,他一直渴望做一个成功的金领。刚出校门的时候,只盯着高级职位不放,可是无论他说得多么有条有理,表现得多么足以胜任,人家就是不买账。因为没经验,难免让人产生"嘴上没毛办事不牢"的感觉。慢慢地,他改变了对目标的看法——"再远大的目标,也是由一个个小的、具体的目标组合而成的,先把小目标一个个实现,大目标自然也就实现了。"他说,"上学时我学的是财务,就先做统计,由于谨慎认真,深得老板认可,又调去搞财务,一步一步干到了财务主管的位置上。做财务主管的时候,时间相对宽裕,我就常去给人事主管帮忙,慢慢人事这块也弄熟了。在做人事主管时,我与车间的接触比较多,就对生产管理知识和工作流程格外留心,特别是能运用财务专业知识分析成本、控制品质。于是在换了一家公司以后,我又当上了生产部门的主管。现在,人事、财务、生产这三大块我总算都有了一定的认识,做个副总经理应该不成问题,等以后攒足本钱,我就开一家公司,自己做老板。"他十分自信地说。

"再远大的目标,也是由一个个小的、具体的目标组合而成的,先把小目标一个个实现,大目标自然也就实现了。"我们都需要这种智慧。例如,我们希望在35岁之前拥有属于自己的房子、车子,这些愿望对于现阶段"身无分文"的我们而言未免有种可望而不可即的意味。但是,如果我们能够将目标具体细化,使之成为一个又一个可望可即的"接力点",比如首先设定目标为找到一份适合自己的工作,然后在某个合理时间内完全适应工作,在某个可能的时间内实现升职、加薪……那么我们每年、每月甚至是每一天,就都有可能实现一个具体目标。长此以往，聚沙成塔，还有什么样的目标不能实现呢？

全力以赴，要做就要做到最好

要做就做最好，只要有 1% 的希望，就付出 100% 的努力——这是那些成功者能够创造自身发展奇迹的一个关键所在。如果你也希望创造人生发展的奇迹，你当然也需要这样去做。如果你是一个工人，你就要竭尽全力成为技术尖兵；如果你是一名销售员，你就要竭尽全力成为最好的销售员；如果你是一名教师，你就要全力以赴成为最好的老师；如果你是一名医生，你就要全力以赴使自己成为医术最高明的医生；如果你要去创业，就要有心成为千万创业者中最成功的哪一位……总而言之，你要尽可能在自己所处的领域中达到自己力所能及的最好程度。也许你不能名垂青史，但你的确能够成为同行业中最好的那一个！

土生土长的温州人周大虎毕业以后进入当地邮电局工作。刚开始，他的工作很简单，就是扛邮包。这虽是个体力活，但是，要强的他却经常叮嘱自己"要做就做最好，搬运工干好了也能干出名堂"！

在这样一种积极上进的思想指引下，他的工作做得果然很出色。很快，就得到了领导的肯定，将他提了干。成为干部的他做事更认真、踏实了，他铆足了劲要做到更好，绝不辜负领导的栽培。

就这样，他很快又被升了职，调到局里为解决职工家属就业而专门成立的服务公司去当领导。到了新的岗位的第一天，他就给自己定下一个目标："一定要把这项工作做到最好，让手下这些临时工享受和正式工一样的待遇！"

于是，经过他的用心工作，他的目标很快就实现了。

几年以后，他的妻子意外下岗了，拿到了5000元的安置费。头脑灵活的周大虎便以此为资本开始创业，在家里开起了生产打火机的作坊。

由于他处处争强好胜，很快就将打火机生意做得有声有色、风生水起。

当时，打火机销售非常火爆，当地的各家生产商都有做不完的订单，大家为了节省时间和成本，就开始偷工减料。但是，周大虎却没有效仿他们。因为"要做就做最好，永远做强者"的念头一天也没有从他脑海里消失，他是不会冒着自砸招牌的危险去"饮鸩止渴"的。

他依然毫不松懈地严把质量关，把每一笔订单都做到最好。市场自有公论，很快，"虎牌"打火机在市场上的优势就凸显了出来。从此以后，周大虎的订单猛增。而那些浑水摸鱼、生产劣质打火机的商家却因为接不到订单而先后关门了。

总结周大虎的成功经验，他的一句话很能说明问题，他说："我这个人有一点，做什么都想做到最好。"

什么都要做到最好，这就是周大虎成功的动力。假如不是一心想着做最好的那一个，他不会从一个搬运工成为干部；假如不是一心想着做强者，他不会从几千块钱开始做到今天的亿万富翁。

其实，世上除了生命我们无法设计，没有什么东西是天定的；只要你愿意设计，你就能掌握自己，突破自己。所以从现在起，从每一件小事情做起，把每一件事情做到最好，这是对于一个出色之人的最起码要求，不论做什么事，别做第二个谁，就做第一个我，要做就把事情做到最好。

如果把成功比作我们前进的方向，那么"要做就做最好"就是我们成功的方法。有了方法和方向，并为之付出相应的努力，我们的理想就会成为现实。

你不抛弃梦想，梦想便不抛弃你

一个不抛弃梦想的人，挫折也许可以阻挡他实现梦想的脚步，却无法阻挡他梦想成真！一个在生活中满怀热情和信心，从不停止追求自己的梦想的人，是最了不起的。

出生在河南农村的门焕新打小就喜欢写写画画，不过父母对他的爱好并不认可，他们坚持认为只有好好学习将来才会有出息，只有做教师的舅舅给予了他极大的支持。门焕新的舅舅也是一位书画爱好者，并且具有一定的造诣，少年时的门焕新在舅舅的指导下，书画技艺已经达到了一定的水准。

然而，与此同时，门焕新的学习成绩却在不断下滑。1984年的高考，他名落孙山。这时的门焕新是很想复读再考的，但家庭条件不允许，母亲含着泪对他说："儿啊，家里实在没有能力供你读书啊，是爸妈对不起你。"望着已渐渐有些白发的父母，门焕新不得不暂时顺从命运的安排。

离开校门，门焕新农作之余依然保持着对书画艺术的强烈热爱。除了舅舅，家人和亲戚邻里都在给他泼冷水，但他不为所动，他觉得自己就是喜欢书画，只要不断学习，说不准哪天也能成了书画家呢。

有一次，门焕新用心画了一幅农村田园风光图，得到了舅舅的极大赞许，并鼓励他将这幅画寄给《河南农民报》社。不久以后，《河南农民报》文艺版就把这幅画刊登了出来。门焕新高兴得一夜没有合眼，这次小小的成功大大地增强了他的自信心。

后来，由于家庭困难，为了供弟弟妹妹上学，门焕新不得不背起行囊外出打工。他打工的第一站是开封，这段日子十分辛苦，他白天出一天的苦力，到了晚上几乎连胳膊都抬不起来，哪还有心思和精力去练习书画呢？这个时候，门焕新有点迷茫了，他问自己：难道我就是个做苦力的命吗？"不，绝不可以这样！我无法放弃对书画的热爱！"想要摆脱命运的门焕新当即作出一个决定：白天工作，晚上去拜访当地书画界有名望的前辈，让他们给自己指一条明路。不久，门焕新打听到开封市文联主席王宝贵家的地址，这位书法名家建议门焕新进入专业院校进修，系统地学习专业知识。

到专业院校进修——这是门焕新少年时就有的渴望啊！可是他哪有钱呢？不过这一次，门焕新没有向命运妥协，他又找了一份兼职工作，拼了命去挣钱。半年以后，勉勉强强攒足了学费，门焕新终于如愿以偿地进入河南书法函授院研修班。

得益于专业系统的学习，门焕新的书画水平有了极大的提升，他的作品屡屡发表在国内一些颇具影响力的报刊上。不过，这时的他已经结婚生子，生活压力越来越大，他只得再次踏上打工之路。

这一次，门焕新辗转开封、安阳、郑州、常州、杭州、福州等十几个城市。每到一处，他都会前去拜访当地书画界的名家，虚心地向他们请教。此外，他还通过各种途径，到当地书画院校蹭课偷艺。他就这样一边辛苦劳作，一边不断地汲取着多方的知识。

2004年初，有位朋友告诉他，福建省福清市国家级科普教育基地正在招收书画艺术类老师，他立刻带着自己发表过的作品和一份简历前去面试，结果，招聘负责人只匆匆扫了一眼简历就拒绝了他，因为他一不是科班出身，二没有名气。但门焕新并没有气馁，他作出了一个大胆的决定：带着作品，直接去找福清市国家级科普教育基地负责人毛遂自荐。

门焕新的自信和胆识让对方刮目相看，更令他感到意外的是，这样一个貌不出奇、名不见经传的农民工，竟然发表过这么多优秀的书画作品。当即，那位负责人决定聘用门焕新为基地书画培训班老师，但需要1个月的试用期检验他的能力！

第一天授课，门焕新虽然讲得有些生硬，普通话也不够标准，但学生们都听得很认真。再次登台，他已经表现得非常轻松和从容。学生们也都被他那精湛的书画技艺所吸引。一个星期以后，负责人告诉他："你可以提前通过试用期了，我们决定和你签订正式合同！"门焕新几乎要跳起来了，可以说从这一刻起，他扭转了命运，真正走进了书画界的大门。

2004年夏，门焕新的作品被编入一些权威的典籍中，他在书画界的影响力越来越大，之后，他先后加入了河南省书画协会、中国书画家协会，成为真正意义上的书画家。

从靠出苦力为生的农民工到令人敬仰的大学讲师，不得不说门焕新创造了一个奇迹。然而对此，他在接受采访时却淡淡地说："我一生痴迷书画艺术，没有理由不成功；我几十年如一日追求书画艺术，也没有理由不成功。只要不抛弃梦想，不放弃追求，每个人都会创造这样的奇迹！"

命运和机会对于一些人来说或许是不公平的，但如果不放弃梦想，愿意为之努力，命运是可以改变的。然而，看看我们自己呢？曾经我们也是激情四溢，每个人心里装着一个美妙的梦，都希望有朝一日能够成功，希望自食其力在海边买一所像样的别墅，带着爱人、带着孩子，沐浴阳光，吹着海风……我们的梦想总是那样多姿，那般浪漫。只是，又不知从何时起，我们的激情在一点点消逝，我们对于梦想的追求在逐渐消退，甚至一些人的眼中就只剩下了"柴米油盐酱醋茶"——倘若这些也可以称之为梦想的话，那么只能说，我们的梦想在日渐枯萎，幸福感在逐步流逝。

或许，是日益加剧的竞争、是不断增长的压力令我们有所屈服，放弃了心中多姿多彩的梦。我们生活在高压的状态下，每天迫不得已地为琐事而忙碌，心里想的就是柴米油盐，日日盼的就是多赚些钱，因而忽略了原本令我们一想起来便感到幸福的追求。我们就像被蒙上眼睛的毛驴一样，每日围着磨盘转，总是踏不出那固定的圈，于是就只能平平庸庸、忙忙碌碌、麻麻木木地走完一生，这又何尝不是一种悲哀？

这样的人，倘若你问他为什么活着，他多半会沉思良久，然后迷茫地望向远方。他们的人生，就像一辆不知驶向何处又不会停止的列车，就这样漫无目的地一路行驶下去……这样的人，倘若你问他什么是幸福，他多半会闭口不语，因为他多半不曾思考。

但可以肯定的是，幸福绝不是迷迷糊糊过一生。人这一生，需要有一个理由让自己去奋斗，在奋斗中充实人生，在收获中感受幸福，而这个理由无疑就是梦想。

不要让梦想成为超出实际的幻想

很多的成功法则，我们都知道，只要树立远大的理想，只要坚持不懈，就能水滴石穿，就能铁杵成针，但是过于远大的理想，超出了自己努力的极限就是镜花水月，坚持到底是对的，无可厚非，但坚持的方向是错的并且不愿去修正，最终导致的结果就是失败，一生荒芜。

中央大街有一个中年人在那儿现场画像，每有人路过，他就吆喝："画像了，10元一幅……"他的身边摆着几幅画作，仔细去看，才能恍惚辨出是几位当红明星，但那水平真的不敢恭维，只有五官有那么一点相似而已，至于神韵，一点也没有。他会对围观的人们讲述自己的从画经历："打小就喜欢画画，立志考上中央美术学院，奈何天不遂人愿，屡屡落第，但梦想并未枯萎，虽然不是科班出身，可并不能阻挡他成为一名专业画家，他一直在努力着,并不断地给自己增添信心——有志者事竟成,告诫自己总有一天会成功的……"

他的这番豪言壮语,不禁让人想起一则故事:

有个自封的画家,只会信笔涂鸦,画作一张也卖不出去,落魄潦倒至极,吃饭都成了问题,常在饭馆赊账。一次狼吞虎咽时,灵感突现,随手拿起桌布,用随身携带的画笔,蘸着酱油、番茄酱等各式调料当场作起画来,餐厅老板并不制止,与客人一起专心地看着。他刚一落笔,餐厅老板当场就买下了这幅画,并决定把他之前欠的饭钱一笔抹去,就当是买画的费用。这可把他欣喜坏了:"这么说,连你都看出我这幅画的价值了?!啊,看来,我离成功不远了!"餐厅老板说:"不!请不要误会,听我说,我有一个儿子,也像你一样成天只想当画家,什么也不干,我之所以买这幅画,是想把它挂起来,好时刻提醒我的孩子,千万不要落到你这样的下场!"

梦想就像那高高飞起的风筝,你可以把它放得很高,但不要让它脱离你的掌控,有时还要尽可能地拉回奢望的线,让梦想接点地气,具有踏踏实实的烟火感。这样的人生才更具有生气和活力,这样的梦想才能得到实现的机遇。

从哲学的角度上说,梦想未必需要伟大,更与名利无关,它应该是心灵寄托出的一种美好,人们从中能够得到的,不只是形式上的愉悦,更是灵魂上的满足。

曾听过一个陕北女人的故事。那个30岁的女人很小时就梦想着能够走出大山,像电视中那些职业女子一样去生活。可彼时的她,有疾病缠身的老公要照顾,有咿呀学语的孩子要抚养,这个家需要她来支撑。走出大山的梦,对于一个文化程度不高、家庭负担沉重的山里女人来说，不仅遥不可及，而且也不现实。

　　10年之后的这个女人，满脸都是骄傲和满足。不过，她并没有走出大山，而是在离村子几十公里的县城做了一名销售员。成为都市白领的梦想，恐怕这一生都无法实现了，但取而代之的却是更贴近生活、更具现实感的圆梦的风景——她终于看到了山外的风景，也终于有了自强自立的平台。

　　很多时候，我们无法改变所处的客观环境，但可以改变自己，可以变通自己的思维方式和价值观念。只有敢于改变自己，不断接受新的挑战的人，才能从一个成功走向另一个成功，从一个辉煌走向另一个辉煌。有时候，一个人纵然有浩然气魄，如果脱离了生活的实际，那么他的梦想也不过就是美梦一场。

别在不属于你的地方浪费太多力气

　　有一个记者采访一位成功的企业家，当问到他成功的秘诀是什么的时候。企业家说："第一是坚持，第二还是坚持，第三……"记者接过话茬道："第三还是坚持吧？"企业家笑笑说："不，第三是放弃。"

　　此处企业家清楚地阐述了坚守与调整的关系。"坚守"是坚决守卫，不离开或不改变；为了成功，要坚持不改变。如果没有成功，则是你努力得还不够，需再坚持。如果努力后还未成功，那么就是你努力的方向错了。此时应当改变原来的方向，使适应客观环境和要求，即调整，放弃错误的目标。

美国著名幽默短篇小说大师马克·吐温曾热衷于投资，但生来不具备经济头脑的他，总是落得一败涂地、血本无归。

马克·吐温的第一次经商活动，是从事打字机投资。那时，马克·吐温已经45岁了。在此之前，他靠写文章发了点小财，并有了点名气。一天，一个叫佩吉的人对马克·吐温说："我在从事一项打字机的研究，眼看就要成功了。待产品投放市场后，金钱就会像河水一样流来。现在我只缺最后一笔实验经费，谁敢投资，将来他得到的好处肯定难以计数。"马克·吐温听完，爽快地拿出2000美元，投资研制打字机。

一年过去了，佩吉找到马克·吐温，亲热地对他说："快成功了，只需要最后一笔钱。"马克·吐温二话没说，又把钱给了他。两年过去了，佩吉又拜访了马克·吐温，仍亲热地说："快成功了，只需要最后一笔钱了。"三年、四年、五年……到马克·吐温60岁时，这台打字机还没有研制成功，而被这无底洞吞掉的金钱，已达15万美元之多。

马克·吐温的第二次经商是创办出版公司。马克·吐温50岁的时候，他的名气更大了，他所写的书有不少都成了畅销书。出版商看准这一行情，竞相出版他的作品，因此发财的大有人在。看着自己作品的出版收入大部分落入出版商的腰包，而自己只能拿到其中的1/10，马克·吐温颇有感触。他决心自己当个出版商，出版作品。可是，马克·吐温没有建立和管理出版公司的经验，就连起码的财会知识都不懂，他只好请来30岁的外甥韦伯斯特当公司经理。

马克·吐温出版的第一本书是他的小说《哈克贝利·费恩历险记》。它一出版，销路就很好。马克·吐温出版的第二本书是《格兰特将军回忆录》，这本书也成了畅销书，获利 64 万美元。马克·吐温被这两次偶然的胜利搞得昏昏然，他继续扩大业务，但他万万没有料到，韦伯斯特却在此时卷起铺盖一走了之。出版公司勉强维持了 10 年，最后在 1894 年的经济危机中彻底坍塌。马克·吐温为此背上了 9.4 万美元的债务，他的债权人竟有 96 个之多。

直到这时，穷困潦倒的马克·吐温才认清自己，开始一心致力于写作。然后，他用 3 年的时间还清了所有债务，并最终成为举世闻名的大文豪。

如果放错了地方，宝物也会变成废物；如果地方对了，木头也有不可替代的价值。假若你所做的事符合自己的目标，并且符合自己的性格、能够发挥自己的优势，那么，困难对你而言就只是浮云，把自己的梦想坚持下去，你会得到自己想要的。如果说这个目标本身是错的，你却仍要奋力向前，而且意志坚定、态度坚决，那么，由此导致的负面后果，恐怕比没有目标更为可怕。

第二篇
就算是一朵小花，也要向着天空怒放

就算是小花，也没有被剥夺怒放的权利。命运，一直藏匿在我们的思想里。许多人迈不出逆转命运的第一步，并非因为他们先天条件比别人差多少，而是因为他们没有想过要将先天阴影划破，也没有耐心慢慢地找准一个方向，一步步地向前，直到眼前出现新的蓝天。

再小的花儿，也要努力绽放

我们常看到这样的人：他们因为自己角色的卑微而否定自己的智慧，因自己地位的低下而放弃儿时的梦想，有时甚至为被人歧视而消沉，为不被人赏识而苦恼，这是人生中一个致命的错误。事实上，造物主常把高贵的灵魂安装在卑贱的肉体内，把宠儿放在庸碌的人群中间，就像我们在日常生活中，总爱把最珍贵的东西藏在家中最不起眼的地方一样。他这样做，是为了用苦难将他们磨砺成器，使他们在某个有意义、有价值的领域脱颖而出。

他并没有上过学，很小的时候就患上了结核性脊椎炎，成了驼背，身高远远低于同龄人，他因此很是自卑，把自己封闭起来，不愿意走出门去。

一次，母亲带他到姑妈家做客，那些孩子看他又小又驼，纷纷围过来嘲笑他。他既愤怒又羞耻，将自己锁在屋中，打碎了一切能打碎的东西。

姑妈并没有生气，等他情绪稳定以后将他带到院子里，指着地上的一棵马齿苋菜花，说："孩子，它贴着地皮生长，它是那么矮，甚至没有小草高，可你看它开出的花多美丽呀！你记住，花再小，也要怒放。"在姑妈的开导下，他渐渐驱散了心里的阴霾，开始敞开心扉，融入生活。

后来，在姑妈的帮助下，他自学了拉丁文、希腊文、法文和意大利文。一天，姑妈送给他一本诗集，他坐在路边认真看了起来，他完全被诗集里优美的句子吸引了，竟忘我地大声朗读起来。这时，一辆马车驶过，马车夫见他又矮又丑还捧着书大声朗读，感觉十分滑稽，忍不住取笑他："嗨，你这身材更适合赶马车。"

他气得火冒三丈，随手拿起板凳砸了过去，马车夫急忙躲开，赶着马车继续前行。谁知，他竟一路追了过去，一直追到马车夫家里，然后大声起誓："总有一天，我要把我的诗念给你听，并且让你喜欢。"打这以后，他在学习之余便开始涉猎诗歌创作，甚至到了痴迷的程度。慢慢地，他领悟了诗律和格式，也明白了如何把情感融入诗中。

有一次，他在一个诗歌大会上动情地朗诵自己写的诗，虽然出于尊重，大家并没有笑出声，但从别人捂着嘴巴的动作和表情里，他看出了自己的水平。他沮丧极了，下了台就躲在角落里痛哭。这时，他那和蔼的姑妈又走了过来，用温暖的手臂将他抱住，轻声安慰道："孩子，你要记住，花再小，也要怒放。"那一刻，他再次感到心中充满了无穷的动力。

功夫不负有心人，12岁那年，他发表了第一首诗作。17岁那年，已经在诗歌界小有名气的他，经戏剧家威彻利引荐，结识了当时伦敦一些著名的文人学士。

一次聚会中，他静静地坐在角落里，当时的文学家斯威夫特提出要找人翻译几本文学巨著。闻听此言，他激动地从座位上跳下来，不想竟一下子摔在了地上。他还没有站起来，便急着对大家说："我可以完成！"众人不相信，认为这个少年虽然有点成绩，但有些轻狂。要知道，很多人都想翻译，却没有人能坚持下来。

出人意料，他真的坚持了下来，用了5年时间将古希腊史诗《伊利亚特》与《奥德赛》翻译完成。出版那天，记者要采访他，但他婉言拒绝了。他递给记者一张纸条——"以前，我是一朵小花；现在，我告诉你们，我也可以怒放。"

21岁时，他出版了《田园诗集》，他真的拿着诗集去了那个马车夫家。那天，马车夫把他送到家，对他说："小伙子，你是我马车上盛开的一朵艳丽的小花。"

生活中，他虚弱到需要侍女扶持才能站立。一次车祸中，他的手指被玻璃碎片切断。但是，所有这些都没有打碎他怒放的梦想，他源源不断地创作了一大批包括诗歌、评论、戏剧甚至绘画方面的作品。

他叫亚历山大·蒲柏，英国18世纪伟大的诗人。他的身高只有1.37米，却成了18世纪英国文学界的巨人。

即使生命柔弱，飘摇，像风雨中的一朵小花，也要努力地绽放，去触摸阳光的温暖。就算你的生命太平常，也要坚持美丽的梦想，在你怒放的那一天，整个世界都会为你鼓掌。

就算长得慢，也别放弃成才

上天有时确实不公平，有些人的起跑线在前，有些人的在后，注定了在前的比在后的有优势。但到底谁跑得快、最先到达胜利的终点，还不好说，许多时候往往却是后来者居上。俗话说，天道酬勤。没有人能只依靠天分成功，上帝虽然给予了人们不同的天分，但只有勤奋才能将天分变为天才。

他母亲生他的时候难产，所以他从小就被认为是不祥之兆。

他3岁多还不会说话，父母担心他是哑巴，还曾带他去医院检查过。后来，他总算开口说话了，但是说得很不流利，而且他讲的每一句话都像是经过吃力地思考之后才说出来的。

后来，他上学了。同学们都不愿意跟他交往，老师甚至毫不客气地对他父亲说："你儿子智力迟钝，不守纪律，他将来是不会有什么出息的！"他因此极度自卑，在学校里几乎抬不起头来，整天只想着逃学。

一天，父亲带他到郊外散心。父亲指着两棵树说："你知道那是两棵什么树吗？"

他迟钝地摇摇头："不知道。"父亲说："高的叫沙巴，矮的叫冷杉。你觉得哪棵树更珍贵？"他想了想说："应该是沙巴树吧，你瞧，它长得那么高大。"

"错！"父亲说，"长得快，木质一定疏松。长得慢，木质坚硬，才珍贵呢。而且，贪长的树很难成材，你别看沙巴树现在长得快，3年之后就不长了，很少有沙巴树能长得超过10米。冷杉却不同，别看它长得慢，但它始终如一地坚持生长。而且，它的寿命极长，活上万年都不成问题。"

说着，父亲把他领到冷杉面前，他仰着头，若有所思地说："爸爸，你是想让我做一棵树，做一棵虽然长得慢但是永不放弃的冷杉树，对不对？"父亲满意地点了点头。

从此，他不再逃学了。有一天，在手工课上，他费了很大劲做出一只难看的小板凳，结果遭到了全班同学的嘲笑。但是，父亲没有嘲笑他，因为通过制作这只粗糙的小板凳，父亲看到儿子身上已经具备了一种难能可贵的韧性。

在讥讽和侮辱中，他慢慢地长大了。为了成为一棵直冲云霄的冷杉树，他开始在书籍中寻找寄托，寻找精神力量。视野开阔了，他头脑里思考的问题也就多了。脑袋里经常充斥着一些奇奇怪怪的问题。

经过一年的自学和补习，他才勉强考入了苏黎世综合工业大学。在大学里，他把精力全部用在课外阅读和实验室里。

大学毕业时，正赶上经济危机爆发，他因此失业在家。他只好靠讲授物理赚取每小时3法郎的生活费。在授课过程中，他对传统物理学进行了反思，这使他对传统学术观点有了更深的认识；使他有非常充裕的时间来思考他以前想到的那些奇怪的问题。经过高度紧张而又兴奋的5个星期的奋斗，他写出了9000字的论文《论动体的电动力学》，既"狭义相对论"。

整个社会和学术界开始对他重视起来。在短短的一个月时间里，竟然有 15 所大学给他授予了博士证书，法国、德国、美国、波兰等许多国家的著名大学也想聘请他做教授。当年被人们称为"笨蛋""笨东西"，被认为永远也无法成才的他，终于成了全世界公认的、当代最杰出的聪明人物。他就是 20 世纪最伟大的科学巨匠，现代物理学的创始人和奠基人——阿尔伯特·爱因斯坦。

人与树一样，有长得快的，有长得慢的。如果你是长得慢的那一棵，那么告诉自己：我之所以长得慢，是因为在将来的某一天要成才，是因为我要用足够的耐心和信心，去长成一棵参天大树。

其实有没有天赋根本不是问题，问题是你这棵树有没有奋发向上，如果每天都能有一点点进步，一点点超越，那么终有一天会长成参天大树。

所以现在，不要在乎你是高大的沙巴还是短小的冷杉，如果努力的精神从你身上散发，便会枝繁叶茂。

去编织自己的人生遮雨伞

人生没有如果，很多事情轮不到我们选择，但我们可以依靠自己的努力去争取不一样的结果，让自己更有尊严地活在这个世界上。生活大抵是公平的，它不会让一直奋斗的人一无所获，山谷里的野百合也有春天，我们的生命再卑微也有在阳光下舒展的时候。

圣诞节前夕，已经晚上11点多了，街上熙熙攘攘的人群稀疏了许多，偶尔还有匆匆忙忙往家赶的人，穿行在霓虹灯俯视下浓浓的节日氛围里。新的一年又要来了！

"感谢上帝，今天的生意真不错！"忙碌了一天的史密斯夫妇送走了最后一位来鞋店里购物的顾客后由衷地感叹道。透过通明的灯火，可以清晰地看到夫妻二人眉宇间那锁不住的激动与喜悦。

打烊的时间到了，史密斯夫人开始熟练地做着店内的清扫工作，史密斯先生则走向门口，准备去搬早晨卸下的门板。他突然在一个盛放着各式鞋子的玻璃橱前停了下来——透过玻璃，他发现了一双孩子的眼睛。

史密斯先生急忙走过去看个仔细：这是一个捡煤屑的穷小子，

约莫八九岁光景，衣衫褴褛且很单薄，冻得通红的脚上穿着一双极不合适的大鞋子，满是煤灰的鞋子上早已"千疮百孔"。他看到史密斯先生走近了自己，目光便从橱子里做工精美的鞋子上移开，盯着这位鞋店老板，眼睛里饱含着一种莫名的希冀。

史密斯先生俯下身来和蔼地搭讪道："圣诞快乐，我亲爱的孩子，请问我能帮你什么忙吗？"男孩并不作声，眼睛又开始转向橱子里擦拭锃亮的鞋子，好半天才应道："我在祈求上帝赐给我一双合适的鞋子，先生，您能帮我把这个愿望转告给他吗？"正在收拾东西的史密斯夫人这时也走了过来，她先是把这个孩子上下打量了一番，然后把丈夫拉到一边说："这孩子蛮可怜的，还是答应他的要求吧？"史密斯先生却摇了摇头，不以为然地说："不，他需要的不是一双鞋子，亲爱的，请你把橱子里最好的棉袜拿来一双，然后再端来一盆温水，好吗？"史密斯夫人满脸疑惑地走开了。

史密斯先生很快回到孩子身边，告诉男孩说："恭喜你，孩子，我已经把你的想法告诉了上帝，马上就会有答案了。"孩子的脸上这时开始漾起兴奋的笑窝。

水端来了，史密斯先生搬了张小凳子示意孩子坐下，然后脱去男孩脚上那双布满尘垢的鞋子，他把男孩冻得发紫的双脚放进温水里，揉搓着，并语重心长地说："孩子，真对不起，你要一双鞋子的要求，上帝没有答应你，他说，不能给你一双鞋子，而应当给你一双袜子。"男孩脸上的笑容突然僵住了，失望的眼神充满不解。

史密斯先生急忙补充说："别急，孩子，你听我把话说明白，我们每个人都会对心中的上帝有所祈求，但是，他不可能给予我们现成的好事，就像在我们生命的果园里，每个人都追求果实累累，但是上帝只能给我们一粒种子，只有把这粒种子播进土壤里，精心去呵护，它才能开出美丽的花朵，到了秋天才能收获丰硕的果实；就像每个人都追求宝藏，但是上帝只能给我们一把铁锹或一张藏宝图，要想获得真正的宝藏还需要我们亲自去挖掘。关键是自己要坚信自己能办到，自信了，前途才会一片光明啊！孩子，你也是一样，只要你拿着这双袜子去寻找你梦想的鞋子，义无反顾，永不放弃，那么，肯定有一天，你也会成功的。"

　　脚洗好了，男孩若有所悟地从史密斯夫妇手中接过"上帝"赐予他的袜子，像是接住了一份使命，迈出了店门。他向前走了几步，又回头望了望这家鞋店，史密斯夫妇正向他挥手："记住上帝的话，孩子！你会成功的，我们等着你的好消息！"男孩一边点着头，一边迈着轻快的步子消失在夜的深处。

　　一晃 30 多年过去了，又是一个圣诞节，年逾古稀的史密斯夫妇早晨一开门，就收到了一封陌生人的来信，信中写道：

　　尊敬的先生和夫人：您还记得 30 多年前那个圣诞节前夜，那个捡煤屑的小伙子吗？他当时祈求上帝赐予他一双鞋子，但是上帝没有给他鞋子，而是别有用心地送了他一番比黄金还贵重的话和一双袜子。正是这样一双袜子激活了他生命的自信与不屈！这样的帮助比任何同情的施舍都重要，给人一双袜子，让他自己去寻找梦想的鞋子，这是你们的伟大智慧。衷心地感谢你们，善良而智慧的先生和夫人，他拿着你们给的袜子已经找到了对他而言最宝贵的鞋子——他当上了美国的第一位共和党总统。

　　我就是那个穷小子。

　　这封信的署名是——亚伯拉罕·林肯

所有来自外界的赐予必然日渐远离，别去想什么救世主，没有人对你的帮助是理所当然的，更多的时候你会失望，甚至是绝望。

被别人剥壳而出的小鸡，没有一个能活下来，你必须学着为自己建造一座避难所，那是生活中需要随时准备的，不要当风雨来临之际，一无所有地伫立在漫天的风雨里，将心灵的衣裳打湿，将自我淋落的心沮丧在无边的、潮湿的深渊里。下雨的时候，我们不必寄希望于别人能够送把伞来，要学会编织自己的人生遮雨伞，当你闯过风雨、跨过泥泞，前途便是一片光明，而这一切，都在自我的辛勤创造中。

莫甘贫穷，然后去摆脱贫穷

人类有一样东西，是不能选择的，那就是每个人的出身。

如果你恰巧出身贫穷，也不必气馁，因为，真正的贫穷并不取决于物质的多寡，而在于心灵，心灵上的贫穷者才是真正的贫穷者。

"我出生在贫困的家庭里，"前美国副总统亨利·威尔逊这样说道，"当我还在摇篮里牙牙学语时，贫穷就露出了它狰狞的面孔。我深深体会到，当我向母亲要一片面包而她手中什么也没有时是什么滋味。我承认我家确实穷，但我不甘心。我一定要改变这种情况，我不会像父母那样生活，这个念头无时无刻不缠绕在我心头。可以说，我一生所有的成就都要归结于我这颗不甘贫穷的心。我要到外面的世界去。在10岁那年我离开了家，当了11年的学徒工，每年可以接受一个月的学校教育。最后，在11年的艰辛工作之后，我得到了一头牛和六只绵羊作为报酬。我把它们换成几美元。从出生到21岁那年为止，我从来没有在娱乐上花过一美元，每个美分都是经过精心计算的。我完全知道拖着疲惫的脚步在漫无尽头的盘山路上行走是什么样的痛苦感觉，我不得不请求我的同伴们丢下我先走……在我21岁生日之后的第一个月，我带着一队人马进入了人迹罕至的大森林里，去采伐那里的大圆木。每天，我都是在天际的第一抹曙光出现之前起床，然后就一直辛勤地工作到天黑后星星探出头来为止。在一个月夜以继日地辛劳努力之后，我获得了6美元作为报酬，当时在我看来这可真是一个大数目啊！每一美元在我眼里都跟今天晚上那又大又圆、银光四溢的月亮一样。"

在这样的穷途困境中，威尔逊先生下定决心，一定要改变境况，决不接受贫穷。一切都在变，只有他那颗渴望改变贫穷的心没变。他不让任何一个发展自我、提升自我的机会溜走。很少有人能像他一样理解闲暇时光的价值。他像对待黄金一样紧紧地抓住零星的时间，不让一分一秒无所作为地从指缝间溜走。

在他21岁之前，他已经设法读了1000本好书，这对一个农场里的孩子来说是多么艰巨的任务啊！在离开农场之后，他徒步到100里之外的马萨诸塞州的内笛克去学习皮匠手艺。他风尘仆仆地经过了波士顿，在那里可以看见邦克、希尔纪念碑和其他历史名胜。整个旅行只花了他1美元6美分。1年之后，他已经在内笛克的一个辩论俱乐部脱颖而出，成为其中的佼佼者了。后来，他在马萨诸塞州的议会上发表了著名的反奴隶制度的演说，此时距他到这里还不足 8 年。12 年之后，他与著名的社会活动家查尔斯·萨姆纳平起平坐，进入了国会。后来，威尔逊又竞选副总统，终于如愿以偿。

威尔逊出生贫困，然而他又是富有的。他唯一的、最大的财富就是他那颗不甘贫穷的心，是这颗心把他推上了议员和副总统的显赫位置。在这颗不竭心灵的照耀下，他一步步地登上了成功之巅。

对于整个人类来说，贫穷只是一种状态，它永远不可能成为一种结果。因为人类绝不会永远安守贫穷，而总是同它作不屈不挠的斗争，所以贫穷对整个人类来说，它只是一个动态的、不断被改变着的过程。但具体到某一个人的身上，则可能是一种结果。对于个人来说，有可能安心地生活在贫穷之中，不思进取，屈辱地度过一生；也有可能奋起直追，获取财富。

无论你面对的是什么样的事实，心灵的贫穷都极其可怕，因为只有心灵的贫穷才是真正的贫穷。

没有盘缠，就带着梦想上路

在人生这场征程中，即使你没有车马盘缠，没有丰衣足食，即使两手空空没有什么行李，但只要你有梦想，就依然可以义无反顾。因为，梦想就是最宝贵的财富，有了它，就足以抵挡无限的未知与危险的威慑，就足以让我们原本不被看好的人生有千变万化的可能。

他是鞋匠的儿子，生活在社会的最底层。他从小忍受着贫困与饥饿的煎熬以及富家子弟的奚落和嘲笑，但他是个爱做梦的孩子，梦想有朝一日能够通过个人发愤摆脱歧视，成为一个受世人尊重的人。

没有人愿意跟他玩，他一天大部分时间都把自己关在屋里，读书或者给他的玩具娃娃缝衣服，然后等晚上父亲给他讲《一千零一夜》的故事，或者向父亲倾诉他想成为一名演员或作家的梦想。

他11岁时，父亲去世了，他的处境更加艰难。14岁时，由于生活所迫，母亲要他去当裁缝工学徒。他哭着把他读过的许多出身贫寒的名人的故事讲给她听，哀求母亲允许他去哥本哈根，正因那里有著名的皇家剧院，他的表演天分也许会得到人们的赏识。

他说："我梦想能成为一个名人，我知道要想出名就得先吃尽千辛万苦。"

就这样，14岁的他穿着一身大人服装离开了故乡。由于家境贫寒，母亲实在筹不出什么东西能够让他带在身上，她唯一能做的就是花3个丹麦银元买通赶邮车的马夫，乞求他让儿子搭车前往哥本哈根。母亲看着年幼的儿子两手空空地远行，心痛而愧疚，不由泪水长流。他反倒安慰母亲说："我并不是两手空空啊，我带着我的梦想远行，这才是最最重要的行李。母亲，我会成功的！"就这样，一个14岁的穷孩子，两手空空地独自踏上了前往哥本哈根的寻梦之路。

也许上天注定了每个人的梦想之旅不会一帆风顺，他也一样。在哥本哈根，他依然无法摆脱别人的歧视，经常受到许多人的嘲笑，嘲笑他的脸像纸一样苍白，眼睛像青豆般细小，像个小丑。几经周折，他最后在皇家剧院得到了一个扮演侏儒的机会，他的名字第一次被印在了节目单上，望着那些铅印的字母，他兴奋得夜不能寐。

但愉悦是短暂的，他之后扮演的主角无非是男仆、侍童、牧羊人等，他感觉自己成为大演员的期望越来越渺茫。于是，为了成为名人，他开始投身到写作中。他笔耕不辍，两年后，他的第一本小说集出版，但由于他是个无名小卒，书根本卖不出去。他试图把这本书敬献给当时的名人贝尔，却遭到讽刺和拒绝："如果您认为您应当对我有一点儿尊重的话，您只要放下把您的书献给我的想法就够了。"

在哥本哈根，他的梦想之火一次又一次遭遇瓢泼冷水，人们嘲笑他是个"对梦想执着，但时运不济的可怜的鞋匠的儿子"，他一度抑郁甚至想到自杀。但每次在梦想之火濒于熄灭之际，他就会一遍又一遍地告诉自己：我并不是一无所有，至少我还有梦想，有梦，就有成功的希望！

最后，在他来哥本哈根寻梦的第 15 个年头里，在经历过一次次刻骨铭心的失败后，29 岁的他以小说《即兴诗人》一举成名。随后，他出版了一本装帧朴素的小册子《讲给孩子们的童话》，里面有 4 篇童话——《打火匣》《小克劳斯和大克劳斯》《豌豆上的公主》和《小意达的花儿》，奠定了他作为一名世界级童话作家的地位。

他用梦想点燃了自我，用童话征服了世界。也许你已经猜到了，他就是丹麦著名作家安徒生。

成名以后，安徒生受到了王公大臣的欢迎和世人的尊敬，他经常受到国王的邀请并被授予勋章，他最后能够自在地在他们面前读他写的故事，而不用担心受到奚落。但从他的童话中，我们依然能够看到他的影子，他就是《打火匣》里的那个士兵，就是那个能看出皇帝一丝不挂的小男孩，就是那只变成美丽天鹅的丑小鸭……

谁会想到，一个两手空空来繁华都市寻梦的穷孩子，最终会得到人生如此丰硕的回报？之所以如此，正是因为他有梦想，而且是个在困难面前从不轻易熄灭梦想之火的人。

从卑微的地方向着不卑微处走

如果你现在有点卑微，但那也只是就一时的境遇而言，绝不会是永远的卑微，除非你甘愿自暴自弃。人生，有无数种开始的可能，同样也有无数种可能的结果，今天的强者，曾几何时未必不是个弱者，由弱到强的转变，靠的就是心中始终不灭的梦想——不愿低人一等、不愿随波逐流的人生之梦。而积聚起这一梦想的关键就在于，他们自始至终没有低看过自己。

诺贝尔物理学奖得主威廉·亨利·布拉格小时家境很是贫穷，他的父母甚至很久都不能给他添置一件新衣，而他所在的威廉皇家学院多是衣着考究的富家子弟，唯有他，一袭破旧衣衫，一双极大、极不合脚的旧皮鞋。

布拉格这身"时髦装扮"在皇家学院显得极不协调，当时，一些纨绔子弟不但对他冷嘲热讽，甚至向学监告布拉格的状，诬蔑他的旧皮鞋是偷来的。为了这个，学监将布拉格叫到办公室，双眼紧紧盯着那双旧皮鞋。天资聪慧的布拉格马上领悟到了什么，他颤抖着将一张纸交给学监。这是布拉格父亲寄来的家信，上面写有这样几句话："孩子，非常抱歉，但愿再过两年，我那双旧皮鞋穿在你的脚上就不会再嫌大……我一直这样想着：若是有朝一日你有了成就，我将感到非常荣耀，因为我的儿子正是穿着我的旧皮鞋奋斗成功的……"

看到这里，学监紧紧握住布拉格的手，满怀感慨地说道："孩子，对不起，是我误解了你！你的家庭虽然贫穷，你的父亲虽然没钱，但他有一颗对你充满期望的心。希望你不要辜负他，我会尽我所能去帮助你。"

此时，布拉格再也控制不住自己的情绪，两行热泪顺颊而下。曾几何时，他也抱怨过贫穷，也为之沮丧过，但父亲的谆谆教导……此时又有了学监的热心帮助。是的，绝不能辜负这些对自己充满期望的人，从此他愈发努力起来。

布拉格在24岁的时候，就成为数学兼物理学教授，而后又在放射线研究等领域获得了巨大成就。成名后的布拉格时常告诫自己的儿子威廉·劳伦斯·布拉格：饮水思源，不要忘记长辈的贫穷。

受此熏陶，小布拉格与父亲一样，年仅24岁就取得了不错的成绩，成为剑桥研究院院士。更让人惊叹的是，后来，父子二人竟同时摘得了诺贝尔物理学奖。

像布拉格一样，并不是每一个显耀的人，都有一个显耀的家世。父母只负责赐予你生命，他们让你的生命在人类历史上已经有了记载，但接下来能不能把这段历史书写得绚丽，甚至成为传奇，那就全在你自己。你要活着，就应该把自己的思想与生存的时代融合在一起，让自己的身影构成世界上一道独特的风景，让自己的声音伴随着自然的风风雨雨留下不可磨灭的痕迹。无论什么时候，你都不能看低你自己。看低自己，是对父母的侮辱，是对生命的亵渎，是你自找的羞辱。

其实只要你愿意，太阳就会注视着你，月亮就会呵护着你。你完全可以"自恋"一些，就当那和煦的春风是为你而来，就当那五彩缤纷的鲜花是为你而开，就当那青青河边草是在为你的诗增添意境，就当那高山流水是在见证你生活的足迹，就当那自在漂浮的白云是你忠实的幸福信使。这个世界，有一千个、一万个理由让你不要轻贱自己。

为了你的自尊去做最大的努力

也许此时的你只是一株稚嫩的幼苗，然而只要坚韧不拔，彼时终会成为参天大树；

也许此时你只是一条涓涓小溪，然而只要锲而不舍，彼时终会拥抱大海；

也许此时你只是一只雏鹰，然而只要心存高远，跌几个跟头，彼时终会翱翔蓝天……

你得明白，那些真正有品位的人不会因为你此时的羸弱看不起你，除非你放弃了强大的权利，给了他们不得不轻视你的理由。

当他还是个少年时，他有些自卑，他长得又瘦又小，其貌不扬，而且他的家庭让很多同学看不起，他父亲是卖水果的，母亲是学校边上的"餐车娘"。而他的同学，那些孩子大部分都是富家子弟，他是一个例外，他的父亲没有受过教育，深知没有知识的痛苦，于是狠下心花了大部分积蓄将他送入这个贵族学校。

从第一天踏入这个学校开始，他就受到了歧视，他穿的衣服是最不好的，别的孩子全穿名牌，一个书包，一个铅笔盒甚至都要几百块，有人笑话他的破书包，他曾经哭过，可他没告诉父母，因为怕父母伤心难过，因为这个书包还是妈妈狠下心给他买的。

对他最好的就是李老师了，李老师总是鼓励他，总是笑眯眯地看着他，李老师长得又端庄又漂亮，好多孩子都喜欢她。

那一年圣诞节，除了他，所有孩子都给老师买了平安果，都是在那个最大的超市买的。但他买不起，一个平安果便宜的要十块，贵的要几十块，他没有钱，他也不想和父母要钱，于是他煮了家里的一个鸡蛋送给了李老师。

当他把这个鸡蛋拿出来时，所有人都笑了，他心里五味陈杂，他更怕老师也会笑话他。

但想不到李老师非但没有笑话他，而且当着全班同学的面说："同学们，这是我收到的最好的礼物，这说明这个同学很有创意，其实不必给老师买什么平安果，有这份心意老师就很感动了。"

接下来，李老师还给他们讲了一个故事：

从前有一个小女孩，她的家里很穷。有一天，母亲带着她去给校长送礼，为的是让孩子转到这个中心小学来，母亲把家里的唯一的一只老母鸡送给了校长，但当她们说明来意时，那校长却说："谁要这东西？我们早吃腻了老母鸡。"

那句话深深刺伤了小女孩和她的母亲。她们没有去中心小学，小女孩还在她们村子里上学，但她明白了自己应该发愤努力，她年年考第一，最后，她以全乡第一的成绩考上了县重点中学，后来，她又考上北京师范大学，现在在一所高级中学里教书。

孩子们听完都很感动，李老师说："那个女孩子就是我。"

他听完，眼里已经有了眼泪，他总以为自己是穷人家的孩子，谁都会歧视他，根本没有尊严可言，但老师的言传身教给了他极大的鼓励。从这以后他认定：每个人都是有尊严的，无论贫穷还是富有。所以，他发愤努力，而如今，他已经在国内一所知名学府任教。

一个人就算被毁灭，也不应该被打败。也许并非每个人都能成为人生的赢家，但是面对人生中的失意，你无论如何也要从容地、保持尊严地活下去，即使默默无闻也好，就算平平凡凡也罢，重要的是，你只要还活着，再怎么一无所有，也别把做人的尊严和风度一并输掉。当你感到无助和绝望的时候，其实你还有选择的机会。

拥有一颗自强自信的心

如果你想要很认真地活着,但别人不看重你,这个时候你一定要看重你自己;如果你希望得到更多的关注,但别人不在乎你,这个时候你一定要在乎你自己。你自己看重自己,自己在乎自己,最后,别人才会看重和在乎你。

她出生在一户普通人家,初中毕业以后,曾做过一段时间护士。随后,一场大病几乎令她丧失了活下去的勇气。然而,大病初愈的她却突然感悟到:绝不能继续在这个毫无生气,甚至无法解决温饱的地方浪费青春。于是,通过自学考试,她取得了英语专科文凭,并通过外企服务公司顺利进入"IBM",从事办公勤务工作。

其实,这份工作说好听一些叫"办公勤务",说得直白一些,就是"打杂的"。这是一个处在最底层的卑微角色,端茶倒水、打扫卫生等一切杂务,都是她的工作。一次,她推着满满一车办公用品回到公司,在楼下却被保安以检查外企工作证为由,拦在了门外,像她这种身份的员工,根本就没有证件可言,于是二人就这样在楼下僵持着,面对大楼进出行人异样的眼光,她恨不得找个地缝钻进去。

然而，即使环境如此艰难，她依然坚持着，她暗暗发誓："终有一天我要出人头地，绝不会再让人拦在任何门外！"

自此，她每天利用大量时间为自己充电。一年以后，她争取到了公司内部培训的机会，由"办公勤务"转为销售代表。不断地努力，令她的业绩不断飙升，她从销售员一路攀升，先后成为IBM华南分公司总经理、IBM中国销售渠道总经理、微软大中华区总经理，成了中国职业经理人中的一面旗帜。

她创下了国内职业经理人的几个第一：第一个成为跨国信息产业公司中国区总经理的内地人；第一个也是唯一一个坐上如此高位上的女性；第一个也是唯一一个只有初中文凭和成人高考英语大专文凭的跨国公司中国区总经理。在中国经理人中，她被尊为"打工皇后"。没错，她就是吴士宏。

世界上有大多数不能走出生存困境的人，都是由于对自己信心不足，他们就像一棵脆弱的小草一样，毫无信心去经历风雨。如果你不想被别人看低，就给他们高看你的理由，一个人无论生存的环境多么艰难，有一颗自强自信的心是最主要的。

长得不美，你就活得漂亮一些

　　不论我们外表看起来多丑多坏，我们的本质始终是美好的，生命最原本的喜悦和美好不会因为你的长相而减半。

　　长相有缺憾的人，多会因此而自卑。这种自卑感压抑了人的自尊心、自信心和上进心，甚而会影响人生一辈子。这些人显然没有意识到，相貌只是让别人认出你，内心才是真正的自己。

　　张美美不美，还挺黑。每天凌晨4点，张美美总会蹑手蹑脚地从床上爬起，一个人到楼梯间去用功。可事实证明，张美美天天比别人多学几个小时，考试成绩和那些懒虫们也并无多大差别。后来室友们才知道，她的功根本没用在专业课上，而是播音主持专业的基础训练。张美美羞涩地用不标准的普通话告诉大家，她的梦想是当一名播音员。

　　看着她那不甚美丽的脸蛋以及不甚苗条的身材，听着她那带有地方口音的普通话，室友们险些笑出声来——这也太异想天开了吧！就算能把普通话说标准了又怎样？长成这造型，还想去出镜？

　　张美美根本不相信这世界上有"以貌取人"这一说，所以她义无反顾地继续着自己的播音梦。

通过大学 4 年的努力，张美美的普通话有了闪电般的进步。

大学毕业以后，同学们都四处奔波找工作，张美美则穿梭于京城诸多电视台之间找机会。在那种凭相貌打分的地方，别说张美美这种二流大学的丑小鸭，就是清华、北大毕业的美女又能怎样？有室友曾旁敲侧击地提醒她：央视和北京电视台的各个栏目组，中央广播电视大学毕业的都未必能混上个差事。但张美美不信邪，执着着自己的执着。

半年以后，张美美终于被活生生的现实打醒了，她提着行李找到了大学的室友寻求收留，她说："我也想清楚了，还是吃饭要紧，先找个工作喂饱肚子是正事儿。"

张美美成了一家公司的客服专员，她之所以能在一帮竞争者中脱颖而出，凭的当然不是学历，而是因为她的普通话标准。这世上果然没有白费的努力。

张美美的案头上依然摆放着一堆播音教材，但她再不提当播音员的事儿了，她也时常翻看那些教材，边看边笑着。

几年以后，同学聚会，有人发现张美美没来，知情者说，这个时间张美美正忙着呢，她现在在一家电台做 DJ。说着打开随身携带的微型收音机，调好频，里面随即传出张美美糯米一样香甜的声音："对于很多人来说，梦想就是雨后的彩虹，虽然无法逃避消逝的宿命，但借助它短暂的力量，我们却可以看到意料之外的光芒。这就是奋斗的魅力所在。"

她好似在温柔地呢喃，可声音中的坚定又沸腾着勇气和力量。

长得不美又怎样，只要执着于心中的梦想，愿意为它贡献自己的力量，长得不美一样可以活得漂亮。

用满心志气去化解人生的刻薄

如果生活让你背起了沉重的十字架，那是因为上帝知道你能行。

人有幸活在这个世上，就要勇敢地承担生活带来的磨难，也要好好地享受生活赐予的幸福。不要做逃避生活的懦夫。认真地活着，不逃避，是万事的因应之道。如此你才能真实地看出生命的全貌，否则看见的都是沙子，就像鸵鸟永不知道事情的真相！

紫霄未满月就被奶奶抱回家。奶奶含辛茹苦把她抚养到小学毕业，狠心的父母才从外地返家。父母重男轻女，对女儿非常刻薄。她生病时，父母反而会为难她，13岁的她没有哭，在她幼小的心灵里，萌生了强烈的愿望——她一定要活下去，并且还要活出个人样来！

被母亲赶出家门，好心的奶奶用两条万字糕和一把眼泪，把她送到一片净土——尼姑庵。紫霄悲伤地送别奶奶后，心里波翻浪涌，难道我的生命就只能耗在这没有生气的尼姑庵吗？在尼姑庵，法名"静月"的紫霄得了胃病，但她从不叫痛，甚至在她不愿去化缘而被老尼姑惩罚时，她也不皱眉不哭泣。但是叛逆的个性正在潜滋暗长。在一个淅淅沥沥的清晨，她揣上奶奶用鸡蛋换来的干粮和卖棺材得来的路费，踏上了西去的列车。几天后，她到了新疆，见到了久违的表哥和姑妈。在新疆，她重返课堂，度过了幸福的半年时光。在姑妈的建议下，她回安徽老家办户口迁移手续。回到老家，她发现再也回不了新疆了，父母要她顶替父亲去厂里上班。

她拿起了电焊枪，那年她才15岁。她没有向命运低头，因为她的心中还有梦。紫霄业余苦读，通过了《写作》《现代汉语》和《文学概论》自学考试。第二年参加高考，她考取了安徽省中医学院。然而她知道因为家庭的原因无法实现自己的梦想，大学经常成为她梦里的主题。

1988年底，紫霄的第一篇习作被《巢湖报》采用，她看到了生命的一线曙光，她要用缪斯的笔来拯救自己。多少个不眠之夜，她用稚拙的笔饱蘸浓情，抒写自己的苦难与不幸，倾诉自己的顽强与奋争。多篇作品飞了出去，耕耘换来了收获，那些心血凝聚的稿件多数被采用，还获得了各种奖项。1989年，她抱着自己的作品叩开了安徽省作协的大门，成了其中的一员。

文学是神圣的，写作是清贫的。紫霄毅然放弃了从父亲手里接过的"铁饭碗"，开始了艰难的求学生涯。因为她知道，仅凭自己现在的底子，远远不能成大器。她到了北京，在鲁迅文学院进修。为生计所迫，生性腼腆的她当起了报童。骄阳似火，地面晒得冒烟，紫霄挥汗如雨，怯生生地叫卖。天有不测风云，在一次过街时，疾驰而过的自行车把她撞倒了。看着肿起的像馒头一样大的脚踝，紫霄的第一个反应是这报卖不成了。用几天卖报赚来的微薄的收入补足了欠交的学费，只休息了几天，又一次开始了半工半读的生活。命运之神垂怜她，让她结识了莫言、肖亦农、刘震云、宏甲等知名作家，有幸亲聆教诲，她感到莫大的满足。

为了节省开支，紫霄住在招待所的一间堆放杂物的仓库里。晚上大部分时间，这里就成了她的"工作室"，她的灯常常亮到黎明。礼拜天，她包揽了招待所上百床被褥的浆洗活，胳膊搓肿了，腿站肿了，溅在身上的水冻成了冰碴……她全然不顾。有一次她累昏在水池旁，幸遇两位房客把她背回去，灌了两碗姜汤，她苏醒过后一会儿，便接着去洗。她的脸上和手上有了和她年龄不相称的粗糙和裂口。

终于苦尽甘来，随文怀沙先生攻读古文、从军、写作、采访、成名，这一切似乎顺理成章，然而这一切又不平凡。她是一个坚强的女子，是一个不向困难俯首称臣的不屈的奇女子。她把困难视作生命的必修课，而她得了满分。

紫霄的成长历程艰辛而又执着，一次次的人生磨难反而让她越走越坚强。

老天始终是公平的，给了你艰辛就会给你幸福，而且，你付出得越多得到的也就越多。所以，请你相信，你身上背着的那个十字架有一天会用金光笼罩你。

把生命中的缺憾活成圆满

生活总是这样，上天残酷地紧闭一道门的时候，只要你努力，就会悄悄地敞开另一扇窗，关键在于，你肯不肯去推开它，迎接生命中的曙光。

在东北吉林有一个袖珍姑娘，她出生时因为母亲难产患上了生长激素缺乏症，只有通过注射生长激素才能长高，但这种东西价格不菲，普通家庭根本承担不起，她的父母含着泪停止了她的治疗，后来，因为骨骺闭合，她的身高最终停留在了1.16米，但就算如此，也未能阻止她不断追逐自己梦想的高度。这个姑娘，心理上没有丝毫自卑，除了身高，你看不出她和正常人有什么两样。

其实，一般袖珍人在成长过程中所遭遇的问题和困扰，她都经历过，只是她都能以乐观坚强的性格一一克服。

因为身高的原因，求学时她就遇到了很多困难，入学、升学、考试等各种问题，甚至大学都是站着上完的，但她仍然靠自己的努力顺利通过了英语专业八级的考试，并顺利毕业。

作为师范院校英语专业的学生，当老师是她最大的梦想，然而1.16米的身高注定了她与这份深爱的职业无缘。接下来的每一次招聘会，她都会被无情地伤害，尽管她的英语口语和文字都比较好，但用人单位只要一看到她的身高，就都会将她拒之门外。那时节，她家周围一些有残疾的、从事卖报纸、修汽车等工作的朋友曾想帮她找一份类似的工作，都被她婉言谢绝了，不是看不起这样的工作，只是她觉得放弃这么多年的所学，真的不甘心。她仍坚持着跑招聘会，后来，长春市一家制药企业终于被她坚强的信念所感动了，他们向她伸出了橄榄枝，与她签订协议聘请其担当英语翻译。

得到了稳定的工作，她开始有计划地去实现自己的梦想，她的梦想有很多，大多与袖珍人有关。这个坚强且博爱的姑娘深知自己的遗憾已经无法弥补，但她不想让更多的袖珍人再留下遗憾，于是经过不懈努力，"全国矮小人士联谊会"在她的推动下成立了，目前已在全国各地初具规模，在收获事业的同时，她也在联谊会里收获了自己的爱情。

2011年，这个袖珍姑娘身穿白纱挽着自己的爱人步入了神圣的婚姻殿堂，这在早些年甚至是她从没想到能够实现的梦想。

我们追求美，我们追求完美。然而，那断臂的维纳斯令我们心醉，那种因残缺而更显美丽的魅力震撼人心。

一个人，即使身有残疾，也不应该失去意志，应该更努力去实现人生的价值。一个人，只有心里的火焰被点燃，才能实现自己人生的意义，如果消沉，放任自流，那无疑是令自己有缺憾的生命雪上加霜。今生，不论你能走多远，不论生命给你的是馈赠还是缺憾，请爱你的心灵，别让它沾染人世的黑暗，别让它因为受苦而不再充满活力。

许多事你无力回天，许多缺失你无法挽回，但自卑、自怜无济于事。你唯一能让自己解脱的，是选择爱自己的心灵，让你的心完美。也许你没有财富，也许你没有幸福的家庭，也许你没有亮丽的容颜，也许你天生就有残疾，但是，谁说你不能令自己快乐呢？

笨鸟先飞，你就能比别人早到

如果你天生平凡，那你就要比别人努力，而且不能放弃希望！如果早早做好计划，早早做好准备，尽早做出行动，那么，你就能接近成功。

如果你是笨鸟，要想在激烈的竞争中走在别人前面，那么就要早些打点行装，开始上路。即使早行的路上会有薄雾遮眼，晓露沾衣，但只要朝着东方跋涉，我们必然会成为最早迎接朝阳的人。

她读小学时，文化课成绩一塌糊涂，唯一及格的，只有手工课。老师来家访，忧心忡忡地说："也许孩子的智力有问题。"父亲坚定地摇了摇头，说："能做出这么漂亮的手工作品，说明她的智力没有问题，而且非常聪明。"

看着老师摇着头离开，她难过地流下了泪水。父亲却笑着说："乖女儿，你一点儿都不笨。"说着，父亲从书架上拿出一本书，翻到其中一页，说："还记得我给你讲过的蓝鲸的故事吗？蓝鲸可是动物界最大的家伙，可你别看它如此庞大，它的喉咙却非常狭窄，只能吞下5厘米以下的小鱼。蓝鲸这样的生理结构，是造物主的巧妙设计，因为如果成年的鱼也能被它大量吃掉。那么，海洋生物也许就要面临灭绝的境地了！"

"上帝不会偏爱谁，连蓝鲸这样的大家伙也不例外。"停了停，父亲又给她讲了一个故事：

"奥黛丽·赫本小的时候家里很穷，经常忍饥挨饿，一度甚至只能依靠郁金香球茎做成的'绿色面包'以及大量的水来填饱肚子。长期的营养不良导致她的身材非常瘦削。当听说她的梦想是要成为电影明星时，所有的同学都嘲笑她白日做梦，说一阵风就可以把她刮上天了。在大家的嘲讽面前，赫本并未自卑，她一直为自己的梦想努力着，终于成功扮演了《罗马假日》中楚楚动人的安妮公主。如果当初，她因为别人的嘲笑而放弃理想，就不可能成为后来的世界级影星。"

父亲又鼓励她说："你看，无论是蓝鲸，还是巨星，都有其不完美的一面。这就好像你的文化课成绩虽然差一点儿，但手工却是最棒的，说明你心灵手巧。你有自己的天赋，坚持下去。"

也许正因为有了父亲的鼓励，从此以后，她不但更加迷恋手工，还时不时地搞些小发明。比如听母亲抱怨说衣架不好用，她略加改造，就做成了可以自由变换长度的"万能衣架"，甚至，在父亲的帮助下，她还将家里的两辆旧自行车拼到一起，变成了一辆双人自行车。

她就这样快乐地成长着，不再在乎别人说自己笨。似乎只是转眼之间，她已是麻省理工大学的一名学生。那天，她外出购物，在超市门前偶然听到有两位顾客抱怨："现在找个空车位真难！如果谁能发明一种可以折叠的汽车就好了！"说者无心，听者有意，她随即产生了尝试一下的想法。

回去以后，她开始搜集有关汽车构造方面的知识，单是资料就打印了厚厚的几大本。接下来，她开始进行设计，一次次的思考，图纸画了一次又一次。经过半年的努力，她竟然真的设计出了折叠汽车的图纸。

这时，又有同学泼冷水，"你知道如何生产吗？说不定这就是一些废纸！"她又想起了父亲当年讲的蓝鲸的故事，笑着说："我确实不懂生产汽车，但有人懂啊，我可以寻求合作。"接着，她在网上发布帖子，寻求可以合作的商家。不久，西班牙一家汽车制造商联系到她，双方很快签下合约。2012年2月，世界上第一款可以折叠的汽车问世了。

这款汽车有着时尚的圆弧造型，全长不过1.5米，电动机位于车轮中，可以在原地转圈，只要充一次电，就可行驶120公里，最重要的是它可以在30秒之内，神奇般地完成折叠动作，让车主再也不用担心没有足够的空间来停车。折叠汽车刚刚亮相，就受到众多车迷们的追捧，还没等正式批量生产，就收到了很多订单。

她就是来自美国的达利娅·格里。在接受记者采访时，她有些害羞地说："我从小就不是个聪明的孩子，但我坚持做自己喜欢的事，用刻苦和勤奋来弥补缺陷，才找到了属于自己的路。"

每个人都有多方面的才能，社会的需要和分工更是多种多样的。一个人这方面有缺陷，可以从另一方面谋求发展。只要有了积极的心态，就可以扬长避短，把自己的某种缺陷转化为自强不息的推动力量，也许你的缺陷不但不会成为你的障碍，反而会成为你成功的条件。因为它促使你更加专心地关注自己选择的发展方向，促成你获得超出常人的动力，最终成为超越缺陷的卓越人士。

如果你是笨鸟，就先飞！成功之事，大抵如此。其实仔细想想，也许每个人都应该把自己当成一只笨鸟，一直埋头啄啊啄，有天猛然抬头一看，天啊！我竟然造出了比其他小鸟更深、更温暖的窝。

如果你在某一方面的条件不如别人，那就仔细看看自己，一定会有强于别人的地方，这就是你的天赋。把握它，发挥它，强化它！用你的汗水浇灌它。成绩，源于对自我的正确认知以及孜孜不倦的努力。如果你是别人眼中的笨鸟，就先飞，你会比他们到得更早。

再难熬的日子，也别把梦想弄丢了

你目前的状况很糟糕，但其实最糟糕的往往不是贫困，不是厄运，而是精神和心境处于一种毫无激情的疲惫状态：那些曾经感动过你的一切，已经无法再令你心动；那些曾经吸引过你的一切，同样美丽不再；甚至那些曾经让你愤怒的、仇恨的、发狠要改变

第二篇 就算是一朵小花，也要向着天空怒放

的，都已无法在你心中激起波澜。这时，你需要为自己寻找另一片风景。

他，里面穿着一件旧T恤，外面套着略显破旧的皮夹克，夹克的肩部垫着厚厚的皮垫，上面放着一个便携音响连着组合乐器，他带着这些东西洒脱地奔向人群。他，就是流浪歌手。

每晚7点以后是他工作的开始，他会拿着自己编好的歌谱，去各个饭店让客人点歌。歌谱上的歌曲有许多：现代的、过去的、新潮的、经典的。他最喜欢的是张雨生的《我的未来不是梦》。

天黑得快，又冷。很少有人会在外面吃饭，他不得不多去些地方碰运气，因为有些饭馆是不让他进的。一个小时过去了，他仍然没有挣到一分钱。走了几站的路，他有点累了，靠在路灯下，半闭着眼，长发在光晕下显得如此沧桑。这两年他的脾气已经在别人的冷嘲热讽、白眼，甚至是骂声中被磨得没了棱角。有一段时间他感到很迷茫。在自己的地下室出租屋里一待就是一天，或者去看老年人打牌、下棋。他想过放弃，但自己为了音乐付出了这么多，就这样放弃他又有些不甘。他反复地说："人这一辈子总得有个奔头，有个希望。"而音乐当然就是他的希望。他相信自己能成功。他并不觉得自己比那些明星差多少。

一个青年女子走了过来，丢下1块钱在地上，他拾起来还给了她，说："我是卖艺的，不是要饭的。"她轻蔑地看了他一眼，随便点了一首歌，没等他唱几句，转身离开了。这是他赚到的第一笔钱，钱是拿到了，但拿得却是如此心酸。

临近午夜，他开始往回走。天气有些凉，路上的人已经很少了。他不冷，走了这么久的路，身子早就暖和过来了。走到一个酒店门口，他被两个醉汉拉住，非要他唱歌给他们听。他唱了几首，

他们很高兴，但拒绝付钱，几个人纠缠在一起，被酒店保安劝开，他无奈地被赶走。

　　他一天的工作结束了，这一天他只挣到一点饭前，空寂的马路上，路灯映着他疲惫的背影，他的耳边忽然又响起那首歌：你是不是像我在太阳下低头，流着汗水默默辛苦的工作；你是不是像我就算受了冷漠，也不放弃自己想要的生活……

　　他是谁？也许现在一文不名，但你又怎知他日后不会成为明星呢？因为事业的关键就在于一个坚持。

始终要相信自己能够创造奇迹

　　辩证地看，这个世界根本没有奇迹，是人们夸张了某些事物的难度，其实都是通过努力可以做到的事情，是我们贬低了自己，成就了它的神话。

　　如果我们非要称之为"奇迹"，那么"奇迹"也只属于有自信的人。生存法则就是这样：在左一轮右一轮的竞赛中将懦弱者淘汰，留下来的，不一定是最强的，但一定是最坚强的。或者是我们在给自己遮羞，由他们创造出来的事物，我们总是喜欢冠名以"奇迹"。

　　其实"奇迹"与"现实"并无界限，对于一百多年前的人们来说，飞上天是个神话，但有人创造了这个"奇迹"，从此以后，不会有人再觉得造一架飞机是什么难事。很显然，所谓"奇迹"，不是极难做到、不是不同寻常，是我们还没有做，自己就先把自己否决了，心里打了退堂鼓，不战自败。

事在人为，这是个永恒不变的真理，你也可以创造"奇迹"，但前提是你要相信自己。你要做的，就是比你想得更疯狂些。只要你相信自己，去做了，就没有不可能。

假如给你一个任务，要求你连续12年、平均每天销售6辆汽车，你能不能做到？或许你会摇头说："这不可能！"但事实上这是可能的！乔·吉拉德就做得到，而且当初，他不过是别人眼中的失败者。

乔·吉拉德出生于美国大萧条时代，其父辈为西西里移民，家境贫寒。乔·吉拉德从9岁开始为人擦皮鞋，以贴补家用，但暴躁的父亲依然时常对他打骂，人们都很歧视他，认为他是个没用的"废物"。

这种情况下，他勉强读到高中便辍学了。父亲的打击、邻里的歧视，令他逐渐丧失了自信，他开始口吃起来。35岁以前，他更换过40份工作，甚至当过扒手、开过赌场，但终究一事无成，而且背负了巨额的债务。

难道真的如父亲所说，自己就是一个废物？乔·吉拉德似乎有些绝望。幸运的是，他有一位非常伟大的母亲，她时常鼓励乔·吉拉德："乔，你必须证明给你爸爸看，证明给所有人看，让他们知道你不是个废物，你能做得非常了不起！乔，人都是一样的，机会摆在每个人面前，就看你懂不懂得争取。乔，你绝不能气馁，你一定行"！

母亲的话给了乔·吉拉德很大鼓舞，使他重新恢复了自信，重新燃起了对成功的渴望，他在心中暗暗发誓：我一定要证明父亲错了！我一定行！为了克服口吃的毛病，他选择了从事销售行业，而且是极具挑战性的汽车销售。工作中，他一直坚持以诚信为本，谨守公平原则；工作方法上，他从不拘泥于"经验"，总是不断推陈出新，超越自我。

他的真诚、他的热情、他的别出心裁，赢得了客户的广泛青睐，他成功了！他从一个饱受歧视、一身债务、几乎走投无路的"废物"，一跃成为"世界上最伟大的销售员"！他被欧美商界誉为"能向任何人推销任何商品"的传奇人物，他所创下的纪录——连续12年，平均每天销售6辆汽车，迄今为止依然无人能够望其项背！而这一切，只缘于最初的那一句"我一定行！"

遥观，或者近观：成功之人必然是自信之人，因为自信，他们才勇于创造，因为自信，他们才崭露头角，所以即使当初是怀着尝试的态度迈开第一步，最终也是以自信的姿态迎接成功的到来；幸福之人也一定是自信之人，因为没有自信，便不会有强大的自驱力去争取幸福，自然也不会为家庭去营造幸福，也不会有维持幸福的张力。以此类推，有了自信，你的生命便可能拥有一切，全无自信，你的生命便全无生机。

一个人的一生中，最难得的就是拥有一颗坚韧、自信的心，始终相信自己能够创造"奇迹"。

准确的人生定位是前进的不竭动力

一个人怎样给自己定位，将决定他对人生的经营，你是堂堂正正，还是低三下四，全在于此。志在顶峰的人不会留恋山腰的风景，甘心做奴隶的人永远也不会成为主人。

就算你再年轻、再没有经验，只要肯把全部精力集中到一个点上，大小都会有所成就；即使你很聪明、你很有天赋，但如果流连市井，最终也就只能平庸一生。再难的事，只要你心中有那么一口志气，且能够专心致志，就能做成，但如果心思散乱、胸无大志，哪怕只是不起眼的成绩，你做起来也会比登天还难。人生最关键的那么几年，你给自己定位成什么，你就是什么，定位能够改变人的一生。

有位双腿残疾的青年人在长途汽车站卖茶鸡蛋。由于他表情呆滞、衣衫褴褛，过往的旅客都错把他当成了乞丐，一上午过去，茶鸡蛋没卖出几个，脚下却堆起了不少的零钱。

那天，有一位西装革履的商人打此经过，与众人一样，他随手丢下一枚硬币，然后毫不停留地向候车室方向走去。但没走上十步，商人突然停住，继而转身来到残疾青年面前，拣了两个茶叶蛋并连连道歉："对不起，对不起，我误把您当成了乞丐，但其实您是一个生意人。"

望着商人逐渐远去的背影，残疾青年若有所思。

3年以后，那个商人再次经过这座车站，由于腹中饥饿，便走进附近一家饭馆，要了一碗云吞面。付账时，店主突然说道："先生，这碗面我请您。"

"为什么？"商人大惑不解。

"您不记得了？我就是3年前卖给您茶鸡蛋的'生意人'。"他有意加重了"生意人"三个字的发音。

"在没遇到您之前，我也把自己当成乞丐，是您点醒了我，让我意识到自己原来是个生意人。您看，我现在成了名副其实的生意人。"

其实每个人都拥有惊人的潜力，就看我们是否愿意唤醒它。事实是，如果你将自己看得一文不值，那你或许就只能做个乞丐；若是将自己看作是"生意人"，你就一定可以成为"生意人"。是蜷缩在阴暗的角落捡拾残羹剩饭，还是坐在明亮的写字楼中点兵遣将，全在你的一念之间。如果我们能够将"自卑""自毁"从自己的字典里删去，我们的潜能就一定会被激发出来。但更重要的是，我们要善于发现自己，而不是等着别人来发现。

然而在现实中，总有这样一些人让人打心眼里瞧不起：他们也许受了"宿命论"的影响，任何事都指着上天来安排；也可能是因为本性懦弱，总是希望别人帮助自己站起来；或是因为责任心太差，该做的事情不做，没有丝毫的担当……总之，他们给自己的定位实在太低，所以遇事不敢为人之先，一直被一种消极心态所支配。

于是我们的人生出现了这样的现象：

你一直认为自己是"不可爱的人"，所以当有人夸赞你可爱时，你甚至认为对方是在虚伪地恭维你或是刻薄地讽刺你,所以你将那人拒之千里之外。

而且你一直认为自己天生就是受穷的命,所以你不自觉地削弱了自己的赚钱动机,因而错失了很多机遇。

毫无疑问,那些错误的、过时的定位是隐藏在我们心中的毒药,荼毒我们原本进取的心灵,导致我们离幸福生活越来越远,所以你必须及时更新自己的定位,改变那些庸俗的想法,这实在是当务之急。

心中有种子,就有开花结果的时候

在人生的征途上,我们需要保留的东西有很多,这其中有一样千万不能遗忘,那就是希望。希望是宝贵的,它犹如孕育生命的种子,可以随处发芽。只要抱有希望,生命便不会枯竭。

曾看到这样一则故事,至今仍回味无穷:

一个突然失去双亲的孤儿,生活过得非常贫穷,今年唯一能让他熬过冬天的粮食,就只剩下父母生前留下的一小袋豆子了。

但是,此刻的他,却决定要忍受饥饿。他将豆子收藏起来,饿着肚子开始四处捡拾破烂,这个寒冬他就靠着微薄的收入度过了。也许有人要问,他为什么要这么委屈或折磨自己,何不先用这些

豆子充饥，等熬过了冬天再说？

或许，聪明的人已经猜到了，原来整个冬天，在孩子的心中充满着播种豆苗的希望与梦想。

因此，即使这个冬天他过得再辛苦，他也不曾去触碰那袋豆子，只因那是他的"希望种子"。

当春光温柔地照着大地，孤儿立即将那一小袋豆子播种下去，经过夏天的辛勤劳动，到了秋天，他果然得到满满的收获。

然而，面对这次的丰收，他却一点也不满足，因为他还想要得到更多的收获，于是他把今年收获的豆子再次存留下来，以便来年继续播种、收获。

就这样，日复一日，年复一年，种了又收，收了又种。

终于，孤儿的房前屋后全都种满了豆子，他也告别了贫穷，成为当地最富有的农人。

凡是看得见未来的人，也一定能掌握现在，因为明天的方向他已经规划好了，知道自己的人生将走向何方。

只是我们太多的人在厄运面前丧失了希望，其实厄运往往是命运的转折，你战胜它就能成就新的命运，而一味埋怨、自暴自弃，厄运就不会成为幸运。所以当你感到彷徨无助，甚至想要自我放弃时，不要绝望，甚至对你并不感到绝望这一点也不要绝望。因为恰恰在似乎一切都完了的时候，新的力量正在来临，给你以帮助。

或许你一路走来真的很艰辛，其中的酸甜苦辣只有你自己知道，但只要你能做到"不抛弃，不放弃"，就会有希望。假如命运对你真的很不公平，它折断了你航行的风帆，那也不要绝望，因为岸还在；假如它凋零了美丽的花瓣，同样不要绝望，因为春还在；假如你的麻烦总是接踵而至，还是不要绝望，因为路还在、梦还在、阳光还在、我们还在。生活需要我们持有这种乐观的心态，只有这样我们才能发现它的美好，生活是具有两面性的，纵然是在令人痛不欲生的苦难中，也蕴含着细微的美妙，虽然它很细微，但只要你有一双发现美的眼睛，就能在厄运中抓住人生前行的希望。如果你能留住心中的"希望种子"，你的前途必然无可限量，因为心存希望，任何艰难都不会成为我们的阻碍。只要怀抱希望，生命自然会激情绽放。

第三篇
趁年经，为自己的梦想执着一次

被自己荒废的梦想，在年老回顾一生的时候最令人痛心不已。所以趁年轻，为自己的梦想执着一次，也许你的坚持并不能得到大家的支持和认可，但请你不要轻易放弃，当我们的演出即将落幕时，希望你还能笑着说，我年轻的时候执着过。

跟随心声，走自己的路

人，到底是为了什么而活？为了父母，为了金钱，还是为了爱情？

事实上，人应该是为自己而活。人一生的时间有限，所以不应该一味为别人而活，不应该被教条所限，不应该活在别人的观念里，不应该让别人的意见左右自己内心的声音。

杜若溪曾经是个活泼开朗的女孩，喜爱唱歌跳舞，大学学的是幼师专业，但是她毕业后，父母却托人把她安排到了一个机关工作。

这份工作在外人看来是不错的，收入高，福利也很好。但杜若溪觉得机关的工作枯燥乏味，整天闷在办公室里，简直快把人憋疯了，她每天都迫不及待地要回家。可是回到家心情也不好，看见什么都烦，本来想着自己的男友会安慰安慰自己，可是偏偏男友又是个不善言辞的人，向他诉苦，他最多说："父母给你找这么一份好工作不容易，还是先干着吧。"

杜若溪很郁闷，工作没多久，她的性格就变了，整日郁郁寡欢。就这样一年又一年，杜若溪越来越觉得自己的人生毫无意义，她不止一次地问自己：我活着究竟为了什么？没有理想、没有目标，都不知道自己多久没有真心地笑过了。

人，应该勇敢地去追随自己的心灵和直觉，只有自己的心灵和直觉才知道自己的真实想法，而其他一切都是次要的。如果一切都听从别人的安排，你永远画不出自己生命的颜色。

如果遵照家里的安排，波伏娃很可能就是一个中产阶级主妇，像她妈妈一样遭遇中年危机，可能老公会出轨，然后把所有怨恨都倾泻给孩子，而不再有机会成为巴黎高师的第二名。

如果按照长辈的轨迹生活，乔治桑应该在偌大的庄园里默默成长，嫁给和他爸爸差不多的另一个男爵，过着平顺的日子，而法国将不再有第一个穿长靴马裤出没文学沙龙自己养活自己的异彩女作家。

如果听从父母的意见，相亲嫁人，费雯丽或许只是著名律师霍夫曼的漂亮老婆，不会在亚特兰大熊熊的烈火中闪耀"郝思嘉"的绿色猫眼，登上奥斯卡领奖台。

很多人正是因为接受了自己的意见，才走上了与众不同的道路，虽然未必是坦途，却用自己的方式独立思考未来，充满惊喜和进步，活出了另一片天地。

诚然，人与人之间的影响毕竟存在。但是，不要因此就屈服，活在别人的意愿里，因为这并不表示你自己的"疆界"就已经宣告结束，你也用不着把你的疆界缩小。在你心中，也许有些力量正在你内心深处冬眠，等着你在适当的机会发掘及培养。

自己的梦想，自己去实现

这个世界会有很多人试图用打击、侮辱、质疑将你击垮。如果你在意，你将一无所成。

无论怎样，我们都要认清自己、明白自己，不要被别人的话所阻碍、击倒，而且，我们更要用自己的实力和努力来实现自己。因为，梦想，那是我们最美的向往和姿态。

有个男孩心中一直深藏着两个梦想，一个是长大后环游世界，另一个是当作家。但由于家庭贫困，他只能把梦想埋在心底，帮父亲干活挣钱。

一天，他在干活时发现一张埃及地图，便出神地看了起来，那个神秘的国度有金字塔，有法老王，有很多神秘的东西。那时，他就下决心，长大以后一定要去那里看一下。然而，父亲的巴掌使他从幻想中清醒过来，父亲夺过他手中的地图撕成碎片，说："干你的活吧！我保证你一辈子也去不了那么远的地方！"他望着撕碎的地图久久不语。

为了实现心中的梦想，他每天清晨4点就起来看书写作，每天坚持写3000字。许多年后，他当了记者，成了作家，并到埃及旅游。他坐在金字塔前的台阶上给父亲寄了一张明信片，上面写着：

"我一直认为,我的生命不要被别人保证!"同时,他的作品也开始大量问世,被人们誉为"世纪末最清明的文章,人世间最美妙的声音"。他就是台湾著名作家林清玄。

梦想是我们最美的向往和姿态,需要细心呵护。可悲的是,许多人眼睁睁地看着生活夺走了自己的梦想,麻木不仁,毫不反抗。这个掠夺者化身为不同的人物和环境,可能是你的父母、你的爱人、你的朋友、你的同事,他们都可能在不知不觉中夺走你的梦想。"你凭什么觉得自己可以做得到?"他们会说"这是不可能的"、"别白费力气了,算了吧。"但是,如果这是你的远见,你的梦想,你难道仅凭别人的三言两语就放弃了?去尝试吧,不要让别人替你做决定,毁了你的梦想!

听自己的话,做自己的事

曾经有一支德国的小队在训练,队长说了"起步走"之后,由于一些事情耽搁,没有发出"立定"的命令,士兵们行进的方向恰好是一条河,在队长想起这件事情的时候,他的士兵们全部走进了河里!

德国人的纪律性天下闻名,不过这个故事的真实性还有待考证,当然,对于军队,纪律的绝对服从也确有其特殊的必要性,但是这并不意味着，听话就是正确的。

多年前，在日本福冈县立初中的一间教室里，美术老师正在组织一场绘画比赛，同学们都在认真地按照要求画着画，只有一个小家伙缩在教室的最后一排。他实在不喜欢老师定的命题，于是便信手涂鸦起来。

到了上交作品的时间了，老师看着一张张作品，不住地点头，他深为自己的教育成果感到满意，作品里已经有了学生们自己的领悟，可以说，是对日本传统画作的继承和发展。

但唯有一张画让他大跌眼镜，作者是个叫臼井的家伙，老师的目光从画作上移到了最后一排，接着看见这个名不见经传、有些另类却又有些特立独行的家伙在冲着他冷笑。

他大声怒斥起来："臼井，你知道你画的是什么吗？简直是在糟蹋艺术。"

小家伙闻听此言，吓得将脑袋垂了下来，老师接下来让大家轮流传看臼井的作品，他用红笔在作品的后面打了无数个"叉叉"，意思是说这部作品坏到了极点。

他画的是一幅漫画，一个小家伙正站在地平线上撒尿，如此地不合时宜，如此地不伦不类。

这个叫臼井的家伙一夜出了坏名，学生们都知道了关于他的"光荣事迹"。

这一度打消了他继续画画的积极性，他天生不喜欢那些中规中矩的传统作品，他喜欢信手拈来、一气呵成，让人看了有些不解，却又无法对他横加指责。

在老师的管制下，他开始沿着正统的道路发展，但他在这方面的悟性实在太差了。

期末考试时，他美术考了个倒数第一名，老师认为他拖了自己班的后腿，命令他的家长带着他离开学校。

他辍了学，连最起码的受教育的权利也被剥夺了，于是，他开始了流浪生涯，不喜欢被束缚的他整日里与苍山为伍，与地平线为伴，这更加剧了他的狂妄不羁。

那一年春天，《漫画ACTION》杂志上发表了《不良百货商场》的漫画作品，里面的小人物不拘一格，让人忍俊不禁，看来爱不释手。作品一上市，居然引起了强烈的反响，受到长久束缚的日本人在生活方式上得到了一次新的启发，他们喜欢这样的作品。

又一年，一部叫《蜡笔小新》的漫画风靡开来，漫画中的小新生性顽皮，做了许多孩子愿意做却不敢做的事情，典型的无厘头却得到了意想不到的结果，被拍成动画片后，所有人都记住了小新，以至于不得不加拍了连载。

臼井仪人，这个天生邪气逼人的漫画家，注定不会走传统的老路，如果他仍然沿着美术老师为自己铺好的道路发展，恐怕这世上不会有蜡笔小新的诞生。

一个人能认清自己的才能，找到自己的方向，已经不容易；更不容易的是，能抗拒潮流的冲击。许多人仅仅为了某件事情时髦或流行，就跟着别人随波逐流而去。他忘了衡量自己的才干与兴趣，因此把原有的才干也付诸东流。所得只是一时的热闹，而失去了真正成功的机会。

如果我们真的成熟了，就不要再怯懦地到避难所里去顺应环境；我们不必藏在人群当中，不敢把自己的独特性表现出来；我们不必盲目顺从他人的思想，而是凡事有自己的观点与主张。坚持一项并不被人支持的原则，或不随便迁就一项普遍为人支持的原则，固然不易，但是只要你做了，就一定会赢得别人的尊重，体现出自己的价值。

别人越泼冷水越要让自己沸腾

在你成长的过程中，常有人泼冷水，问题是，别人一泼，你就退缩了吗？如果你认为自己对，就可以坚持到底，走自己的路。

歌德是 18 世纪中叶到 19 世纪初德国和欧洲最重要的剧作家、诗人、思想家。但在他年轻的时候，曾经是一个绘画爱好者，他习惯于用绘画的方式表达自己的心灵和思想，并且努力想成为一位非凡的画家。虽然他为自己的梦想而不懈努力着，但却始终不能在绘画上取得什么成就。然而，幸运的是在他习画的同时，也酷爱文学，渐渐地，歌德发现自己更擅长用文字来表现心灵和思想。不知不觉中，他把更多的精力投入了写作中去。

当时正是欧洲社会大动荡、大变革的年代，封建制度日趋崩溃，革命力量不断高涨。歌德也因此而不断接受到先进思想的熏陶和洗礼，从而加深自己对于社会和人生的认识，创作出了一些诗歌和戏剧的剧本。但歌德的做法遭到了不少绘画界人士的抨击，他们指责歌德是对绘画艺术的"不忠"和"叛离"，是一个艺术叛徒。所以，当歌德尝试拿着自己的创作成果寻找出版商时，遭到了一些人的暗中作梗，以至于他的这些创作成果只能被长期搁浅，无法走向读者。

后来，一家私人出版机构总算同意出版他的一本诗集，可一面世就遭到了不少人的炮轰，甚至有人买了那本诗集后，又邮寄给歌德，封面上写有这么几行字："这就是一个艺术叛徒所写的所谓的诗歌？简直太荒谬了！"

歌德收到这本诗集后，不但没有生气，反而把它当成一个装饰品挂在书房里最显眼的一面墙上。一位好朋友不解地问他："你为什么容忍他们这样不断地向你泼冷水？"

"为什么不能容忍？他们在不断地使我成才，难道我要生气吗？"歌德微笑着说。

"泼你冷水是在使你成才？"他的朋友困惑地问。

"当然，假如你往一块干石灰上泼上凉水，它会立刻全身沸腾起来，泼的冷水越多，石灰沸腾得就越强烈，之后它就成为一种建筑材料了！"歌德这样说。

就在这种坦然面对挫折和打击的乐观心态里，歌德的心真的犹如石灰那样"沸腾"起来了——几年时间，他创作出了一大堆诗歌、剧本、小说和哲学作品，其中就包括德国历史上第一部现实主义历史剧《葛兹·冯·伯里欣根》和风行全球的《少年维特之烦恼》，歌德的名字也由此而跃居世界级诗人行列，他最终成为一名无可替代的、璀璨于全球的文学巨匠！

人最不能犯的错误，就是看低自己。当别人的评价让你感到无可奈何时，没关系，只要你知道曾经有一个独特的、与你气质相近的人成功了，那么就不必再为别人的眼光而感到苦恼。对于别人的击打，你可以做出两种反应：要么被击垮，躲在角落里哭泣，朝着他们想看到的样子沉沦下去；要么选择无视，就做最真实、最好的你自己，坚持到底。结果是，前者会泯然众人，而后者往往会脱颖而出。

在倒彩声中捂着耳朵前行

　　人生就是一场比赛，在冲向终点的过程中，难免有人会向你打压、向你喝倒彩。你是想要成功还是想要平凡无为？倘若有人对你说"停下吧，你的目标无法实现"，你又该如何应对？

　　几只蛤蟆在进行"田径比赛"，终点是一座高塔的顶端，周围有一大群蛤蟆前来观战。

　　比赛刚开始不久，观众便大声议论起来："真不知道它们是怎样想的，做这种不现实的事情，它们怎么可能蹦到塔顶呢？简直是天方夜谭！"

　　过了不久，观众们开始为蛤蟆选手们喝倒彩："喂，你们还是停下来吧！这场比赛根本不现实，这是不可能达到的目的！"

　　陆续地，蛤蟆选手们一一被说服，它们退却了，停了下来。然而，却有一只蛤蟆始终不为所动，一往无前地向前……向前……

　　比赛结果，其他蛤蟆选手全部半途而废，唯有那只蛤蟆以惊人的毅力完成了比赛。所有蛤蟆都很好奇——为什么它有这么强的毅力呢？这时它们才发现，原来它是一只聋蛤蟆。

别人的评价，如果成为你行动的基准，那还有什么自我可言？有些时候，我们索性就让自己做一只"聋蛤蟆"吧！这样，你反而会收获更多。

英国剑桥郡的世界第一位女性打击乐独奏家伊芙琳·格兰妮说："从一开始我就决定：一定不要让其他人的观点阻挡我成为一名音乐家的热情。"

她出生在苏格兰东北部的一个农场，从8岁时她就开始学习钢琴。随着年龄的增长，她对音乐的热情与日俱增。但不幸的是，她的听力却在渐渐地下降，医生们诊断是由于难以康复的神经损伤造成的，而且断定到12岁，她将彻底耳聋。可是，她对音乐的热爱却从未停止过。

她的目标是成为打击乐独奏家，虽然当时并没有这么一类音乐家。为了演奏，她学会了用自己特有的方式来感受其他人演奏的音乐。她不穿鞋，只穿着长袜演奏，这样她就能通过她的身体和想象感觉到每个音符的震动，她几乎用她所有的感官来感受着她的整个声乐世界。

她决心成为一名音乐家，而不是一名聋的音乐家，于是她向伦敦著名的皇家音乐学院提出了申请。

因为以前从来没有一个聋学生提出过申请，所以一些老师反对接收她入学。但是她的演奏征服了所有的老师，她顺利地入了学，并在毕业时荣获了学院的最高荣誉奖。

从那以后，她的目标就致力于成为一位出色的专职的打击乐独奏家，并且为打击乐独奏谱写和改编了很多乐章，因为那时几乎没有专为打击乐而谱写的乐谱。

至今，她已经成为一位出色的专职打击乐独奏家了，因为她很早就下了决心，不会仅仅由于医生诊断她完全变聋而放弃追求，因为医生的诊断并不能阻止她对音乐执着的热爱与追求。

事实证明，伊芙琳·格兰妮的选择是正确的。如果她是个软弱的人，只是听从医生给她下的结论而不与命运去抗争，那样她的音乐才华不仅泯灭了，音乐界也会少了一个著名的打击乐演奏家。

人生难免会遇到这种情况，旁观者会对你做出主观评价，以他们的视角来审视你的人生，从而对你做出不公正的"宣判"。这时，请不要在意别人的看法，做你自己、做你自己该做的选择，画出你自己的人生色彩！

没有谁能够阻止你靠近梦想

任何一条路，都是我们自己的双脚走出来的，任何的梦想，都是我们用自己的双手去实现的。不经你的同意，没有人能够阻止你去梦想、去攀登，只要你坚持自己的梦想，你就会取得连自己都感到骄傲的成功和胜利。

卡尔·卡拉布尔是一位黑人，他的梦想是当一名潜水员，并且得到"一级军士长"勋章。16岁时他成了一名海军，欣喜自己向着梦想迈出了第一步。可接下来的事，令他倍感沮丧，因为他是黑人，除了周五可以下海游泳，其余时间只能在厨房干活。

于是他写了几千封申请书，要求去新泽西州的潜水员学校，而不是待在厨房里。他的执着终于感动了教官，教官给他写了一封推荐信，恳请那里的校长接纳这个优秀的黑人士兵。可是，有严重种族歧视的校长，表面上收下了卡尔，私下里却打定主意：绝不让卡尔当上潜水员！

第一次理论考试，卡尔考了37分，校长警告他说，下次再不及格，开除！周末，士兵们开车去镇上喝酒、狂欢，卡尔以打扫卫生作为交换条件，请求图书馆管理员，允许他48小时待在这里学习。经过刻苦努力，第二次考试，卡尔考了94分。

潜水课上，白人士兵的潜水时间是3分钟，可校长故意刁难他，把他的时间延长。结果，卡尔在海水里潜了足足5分钟，安然无恙。

终于要毕业考试了，也是最难的一关，卡尔信心十足。冬日的上午，海面上冷风飕飕，校长喷着满嘴的雾气说："你们潜到300米的海底后，将给你们沉入一个工具包，你们必须组装好包里的零件，送上甲板，然后才能拿到毕业证书。"

别的士兵3分钟之内，顺利完成了任务，被拉上了甲板。可是，卡尔的工具包却被刻意用利刃割破，扔进海里。那些小零件，天女散花般散落在黑暗幽深的海底，卡尔必须将它们一个一个从沙子、淤泥里找寻出来，才能安装。

天渐渐黑了，卡尔依旧待在冰冷的海底。终于，9个小时后，卡尔发出讯号，将组装好的成品，送到了校长面前。

被拉上甲板的卡尔虚弱不堪，瑟瑟发抖，但他顽强地完成了任务，校长不得不颁发给他潜水员毕业证书。卡尔成为美国第一位黑人潜水员，且极其出色和优秀。不久，卡尔被授予"二级军士长"军衔。又奋斗9年后，卡尔成为美国海军第一位黑人一级军士长。

凡事只要认真，就会梦想成真。不管人生的起点有多低，只要矢志不渝、刻苦磨炼、百折不回，就有希望登上梦想之巅。

除了你自己，没有人能阻碍你前进的步伐。这是我们人生最大的价值，也是一条少有人走的路，遵从内心，不理会任何的流言蜚语，不回避遇到的所有障碍，勇往直前，你的路总会平坦。这不是自欺欺人，而是一条用无数次事实证明过的定理。

不要过早地给自己投否定票

你若说服自己，告诉自己可以办到某件事，而这事是可能的，你便办得到，不论它有多艰难。相反，你若认为连最简单的事也无能为力，你就不可能办得到，鼹鼠丘对你而言，也变成不可攀的高山。

要不想让困难挡住你，最有效的办法，就是不要轻易否定自己。

18岁那年，英格丽·褒曼的梦想是在戏剧界成名。但是，她的监护人奥图叔叔却要她当一名售货员或者什么人的秘书。为此两人争执不下，奥图叔叔答应给她一次参加皇家戏剧学校考试的机会。如果考不上的话就必须服从他的安排。

为了能考上皇家戏剧学校，英格丽·褒曼还颇费了一番心思。一方面，她为自己精心准备了一个小品，表演一个快乐的农家少女，逗弄一个农村小伙子。她比他还胆大，她跳过小溪向他走去，手叉着腰，朝着他哈哈大笑。她反复认真地排练这个小品。另一方面，在考试的前几天，她给皇家剧院寄去一个棕色的信封，如果失败了，棕色的信封就退回来，如果通过了，就给她寄来一个白色信封，告诉她下次考试的日期。

考试的时候，英格丽·褒曼跑两步在空中一跳就到了舞台的正中，欢乐地大笑，接着说出第一句台词。这时，她很快地瞥了评判员一眼，惊奇地发现评判员们正在聊天，相互大声谈论着，并且比画着。见此情景，英格丽·褒曼非常失望，连台词也忘掉了。她还听到了评判团主席对她说："停止吧！谢谢你……小姐，下一个，下一个请开始。"

英格丽·褒曼听到这话后彻底失望了，她好像什么人也看不见、什么也听不见，在舞台上待了30秒就匆匆下台。她感到自己唯一能做的一件事就是去投河自杀。

她站在河边，准备结束自己的生命，当她的目光投到河面上时，发现水是暗黑色的，发着油光，肮脏得很。此时，她猛然想到的是，等她死了以后，别人把她拖上岸后身上会沾满脏东西，还得咽下那些脏水。她又犹豫了："唔！这样不行。"于是就放弃了自杀的念头，回家去了。

第二天，有人给她送去了白信封。白信封？她有了白信封。她真的拿到了被录取的白信封。多年后，已成为明星的英格丽·褒曼碰见了那位评判员。闲聊之际，便问道："请告诉我，为什么在初试时你们对我那么不好？就因为你们那么不喜欢我，我曾经想去自杀。"

"不喜欢你？"那位评判员瞪大眼睛望着她，"亲爱的姑娘，你真是疯了！就在你从舞台侧翼跳出来，来到舞台上的那一瞬间，而且站在那儿向着我们笑，我们就转身彼此互相说着：'好了，她被选中了，看看她是多么自信！看看她的台风！我们不需要再浪费一秒钟了，还有十几个人要测试哪！叫下一个吧！'"

听了这一席话，她非常吃惊，而且十分后怕，她想，如果不是那河里的水太脏，可能自己真的就永远失去了这次机会！

很多年以后，已经是大明星的英格丽·褒曼在接受记者采访时谈起了当年险些自杀的事，她深有感触地说："这件事给我的启发是，永远不要过早地宣判自己，因为转机随时都有可能发生，一切都有可能改变，一切都有可能是另一个样子！"

永远不要轻易下结论否定自己，不要怯于接受挑战，只要开始行动，就不会太晚；只要去做，就总有成功的可能。世上能打败我们的，其实只有我们自己，成功的门一直虚掩着，除非我们认为自己不能成功，它才会关闭，而只要我们觉得还有可能，那么一切就皆有可能。

如果挖井，就挖到水出为止

我们很难想象那些总是半途而废的人能做成什么事情，因为他们每一次都草草地开始，又都匆匆地结束，目标摇摆不定，三心二意，今天觉得这个好，明天又觉得那个好，三天打鱼，两天晒网，最后兜了一圈回来，自己还在原来的地方一事无成。

人们往往虔诚而又谦卑地讨教成功的经验，当知道答案是"坚持"二字时，好多人都叹息自己当初为什么没有坚持。譬如，挖掘一口水井，挖了99%，还没有发现泉水，于是自己就放弃了，那么过去的努力也白费了。

1999年初的一天，在日本北海道的一处温泉景区内，杨长林手握一杯清酒，半躺在树林掩映的汤池里，一边欣赏着周围的花草假山、奔跑的孔雀，一边感叹说："要是把这个温泉搬回重庆，该多好啊！"

这个念头，让当时已在房产和酒店业颇有建树的杨长林突然迷上了温泉。半年后，他到铜梁收购了一个温泉——古西温泉。没想到，花了上千万投资后，才发现附近有一家污染严重的造纸厂。

第一次受挫并没有动摇杨长林搞温泉的信心。

之后，他很快又雇了一家地质勘探公司，在重庆一处地方挖

起了温泉。井打了几千米却没出水。杨长林这次花了400多万元，明白了一个"行业常识"：打温泉井是要讲点运气的，因为目前普遍的成功率只有60%。

这个不行，那就再开挖一个吧。杨长林马上又掏了400万元，再找了一处地方打井。哪知道，最后仍然没"挖"出温泉。

"老板不是有毛病吧？公司的生意做得好好的，偏要去拿这么多钱来挖洞洞耍！"搞温泉一上来就连遭3次失败，让一些员工和朋友对杨长林的举动有了"看法"。杨长林心里也开始有些动摇了。他已做好了对自己"决策失误"道歉的准备。然而，一张地图的意外出现，彻底改变了大会原来的意思，也在很大程度上改变了杨长林的命运。

就在大会开始前1个小时，一位著名的地质专家不请自到，拿着一张地质结构图，找到了杨长林。

"听说您四处在打温泉井，可您知道吗？就在您的脚底下，就有形成于2.3亿年前的三叠纪嘉陵江组岩层，具有数万年矿化龄的天然温泉。在这里打井，我有九成的把握挖出温泉。"专家说道。这次，杨长林又动心了。

1个月之后，杨长林开始第四次打温泉井。然而，温泉井打了3个多月，仍未发现明显的水热反应。难道这次又失败了？每天七八万元的打井成本，让杨长林的心情十分沉重。"放弃吧，董事长！"一位员工劝告说。"最后再挖5天！"杨长林几乎绝望地说。

"难道老天要我放弃？"2001年4月15日，杨长林在日记中这样写道。

而在"失败倒计时"的第三天，在钻机设备到达3060米"极限钻深"的最后关头，一股浓烈的硫黄气味弥漫而出。"啊，出水了！"当第一股温泉水从工地上喷出时，工人们沸腾了。这时候的杨长林，却一个人悄悄回到办公室，在自己的日记本上写下6个字："哎，终于赌赢了！"

"真是命运多坎坷呀！"从商20多年来，无论卖服装、做餐饮、搞房产，杨长林几乎样样都特别顺利。可他就是很纳闷，为什么做起温泉生意，就开始连续"倒霉运"，第一个温泉"套牢"了，第二个、第三个温泉"挖废"了，而第四个温泉掘地几公里也还不见水。

那一刻，杨长林不假思索地写出一个名字：天赐温泉。

很多事情，只要往前跨一步就是成功，关键就在于你肯不肯坚持这关键的一步。摆在我们面前的路有很多条，如果你选择了一条你认为正确并有兴趣走下去的路，那么，无论这条道路是荆棘还是泥泞，你都应该义无反顾地走下去。

有恒心和毅力的人往往是笑到最后、笑得最好的胜利者。半途而废的人是不会拥有财富的，因此，如果你要挖井，就一定要挖到水出为止。

再试一次，也许结果就不一样

　　成功，有时就薄如一张纸，穿过了你自会知道，但是，在没有抵达之前，它看上去是那么遥远！在人生的道路上，你没有一时耐心去等待成功的到来，那么，你只好用一生的耐心去面对失败。

　　有位小伙子爱上了一位美丽的姑娘。他壮着胆子给姑娘写了一封求爱信。没几天她给他回了一封奇怪的信。这封信的封面上署有姑娘的名字，可信封内却空无一物。小伙子感到奇怪：如果是接受，那就明确说出；如果不接受，也可以明确说出，或者干脆不回信？

　　小伙子鼓足信心，日复一日地给姑娘写信，而姑娘照样寄来一封又一封的无字信。一年之后，小伙子寄出了整整99封信，也收到了99封回信。小伙子拆开前98封回信，全是空信封。对第99封回信，小伙子没有拆开它，他再也不敢抱任何希望。他心灰意冷地把那第99封回信放在一个精致的木匣中，从此不再给姑娘写信。

　　两年后，小伙子和另外一位姑娘结婚了。新婚不久，妻子在一次清理家什时，偶然翻出了木匣中的那封信，好奇地拆开一看，里面的信纸上写着：已做好了嫁衣，在你的第100封信来的时候，我就做你的新娘。

当夜，已为人夫的小伙子爬上摩天大厦的楼顶，手捧着99封回信，望着万家灯火的美丽城市，不觉间潸然泪下。

因为屡屡碰壁，便放弃努力，最终与梦想擦肩而过，有多少人都是这样的？许多时候，真正让梦想遥不可及的并不是没有机遇，而是面对近在眼前的机遇，我们没有坚持到底。要知道，常常是最后一把钥匙打开了门。

美国有个年轻人去微软公司求职，而微软公司当时并没有刊登过应聘广告，看到人事经理迷惑不解的表情，年轻人解释说自己碰巧路过这里，就贸然来了。人事经理觉得这事很新鲜，就破例让他试了一次，面试的结果却出乎人事经理意料之外，他原以为，这个年轻人定然是有些本事才敢如此"自负"，所以给了他机会，然而年轻人的表现却非常糟糕，他对人事经理的解释是事先没有做好准备，人事经理认为他不过是找个托词下台阶，就随口应道："等您准备好了再来吧。"

一周以后，年轻人再次走进了微软公司的大门，这次他依然没有成功，但与上一次相比，他的表现已经好很多了。人事经理的回答仍与上次："等您准备好了再来吧。"

就这样，这个年轻人先后5次踏进微软公司的大门，最终被公司录取。

做人的道理，就好比堆土为山，只要坚持下去，总归有成功的一天。否则，眼看还差一筐土就堆成了，可是到了这时，你却停了下来，一退而不可收拾，也就会功亏一篑，没有任何成果。所以说，只有勤奋上进，不畏艰辛一往无前，才是向成功接近的最好途径。

执着，能使成功成为必然

忍耐痛苦比寻死更需要勇气。在绝望中多坚持一下，终将带来喜悦。上帝不会给你不能承受的痛苦，所有的苦都可以忍耐。

几年前，35岁的普林斯因公司裁员，失去了工作。从此，一家人的生活全靠他打零工挣钱来维持，经常是吃了上顿没下顿，有时甚至一天连一顿饱饭也吃不上。为了找工作，普林斯一边外出打工，一边到处求职，但所到之处都以没有空缺职位为由，将其拒之门外。然而，普林斯并不因此而灰心。他看中了离家不远的一家名为底特律的建筑公司，于是给公司老板寄去了第一封求职信。信中他并没有将自己吹嘘得如何有才干，也没有提出任何要求。只简单地写了这样一句话："请给我一份工作。"

这家建筑公司的老板约翰逊在收到这封求职信后，让手下人回信告诉普林斯，"公司没有空缺"。但是普林斯仍不死心，又给这家公司老板写了第二封求职信。这次他还是没有吹嘘自己，只是在第一封信的基础上多加了一个"请"字："请请给我一份工作。"此后，普林斯一天给公司写两封求职信，每封信的内容都一样，只是在信的开头比前一封信多加一个"请"字。

3年间，普林斯一共写了2500封信。这最后一封信有2500个

"请"字，接着还是"给我一份工作"这句话。见到第 2500 封求职信时，公司老板约翰逊再也沉不住气了，亲笔给他回信："请即刻来公司面试。"

面试时，公司老板约翰逊愉快地告诉普林斯，公司里有项很适合他的工作：处理邮件。因为他很有写信的耐心。

当地电视台的一位记者获知此事后，专程登门对普林斯进行了采访，问他：为什么每封信都只比上一封信多增加一个"请"字？

普林斯平静地回答："这很正常，因为我没有打字机，只能用手写。每次多加一个'请'字，是想让他们知道这些信没有一封是复制的。"

这位记者还问公司老板，为什么录用了普林斯？

老板约翰逊不无幽默地回答："当你看到一封信上有 2500 个'请'字时，你能不受感动？"

如果是你，你会不会这样做？也许不会，那你或许就要与成功失之交臂了。

所以，当我们遇到挫折时，请给自己一个信念：马上行动，坚持到底！成功者绝不放弃，放弃者绝不会成功！我们要坚持到底，因为我们不是为了失败才来到这个世界的！所以当你打算放弃梦想时，告诉自己再多撑一天、一个星期、一个月，再多撑一年，你会发现，拒绝退场的结果往往令人惊讶。

认准了，就把背影留给这世界

　　每个人的人生都有高潮和低谷，但是人的目标会激发自身的信心。即使身处人生谷底，我们的目标还是要继续下去，我们应该相信自己是有能力走出低谷的。

　　她出生在美国明尼苏达州，7岁时开始学滑雪，并很快展露出过人的天赋，于是，她梦想成为一名世界级的滑雪选手；13岁时，为了拥有更好的滑雪训练环境，她家从明尼苏达州搬到科罗拉多州；14岁时，她已经成为全世界最优秀的少年滑雪运动员之一；16岁时，她入选美国国家队。

　　不幸的是，她的父母离异了。但她仍然坚持在滑雪赛场训练。她说："我专注于自己的滑雪事业，每周练习六天。我似乎在紧绷的神经上滑行。"2004年1月，她首次站上世界杯的领奖台，当年12月又首次获得世界杯分站赛冠军。但在2005年意大利博尔米奥举行的世锦赛上，她却与奖牌无缘。2006年都灵冬奥会，她也是最大夺冠热门。然而就在比赛开始前两天，她在以每小时112公里的速度训练时摔倒。她忍着背部和骨盆的伤痛参加了四项比赛，但均与奖牌无缘。

　　2009年2月9日，她在法国高山滑雪世锦赛上夺得两金，却在开香槟庆祝时伤到了右手拇指，险些被截肢。12月在加拿大举行的世界杯分站赛上，她获得速降赛冠军，但膝盖撞到下巴上，舌头被咬得鲜血淋漓。同月28日，她在奥地利林茨参加大回转比赛时滑雪板被凸起的雪块硌了一下，人整个飞了起来，然后重重地摔在雪面上，左手腕骨严重瘀伤。

她摔得那么重，膝盖撕裂都是很有可能的。所以刚开始听医生说她的胳膊断了时，她的丈夫托马斯·沃恩还松了一口气。而她听到消息后马上就问医生，自己怎样才能拖着断了的胳膊继续滑雪。一般的滑雪运动员受伤后都要好几个月甚至数年才能恢复，而她连一声叹息都没有，丈夫称她真是特殊材料打造的。

就这样，她在2009年赛季中获得七项世界冠军，包括速降项目的全部五项赛事。她还连续三个赛季夺得世界杯总冠军。然而就在2010年2月12日开始的温哥华冬奥会开幕前夕，她在奥地利的一次训练中右腿胫骨受伤，整整一个星期不能训练。这让她的心理与身体都承受了巨大的压力和痛苦。高山滑雪的速度高达每小时120公里，相当于一辆汽车在高速公路上奔驰，这样的高速对运动员的胫骨冲击非常大，赛前曾一度传出这位夺冠热门要退赛的消息。而冬奥会赛场上这条从起点到终点落差770米、全长2939米，号称世界难度最大的赛道让那些怀揣着奥运梦想的运动员们望而却步。

再遭伤病的她，生怕发现自己的胫骨骨裂，从而影响比赛，于是她强忍伤痛，拒绝接受X光检测。丈夫也支持和鼓励她坚定信心重返赛场。幸运的是，比赛地惠斯勒山区赛前几天雨雪不断，高山速降的训练和比赛被接连推迟，她因而得到了宝贵的疗伤时间。

2010年2月17日，她又一次站在冬奥会高山速降的赛场上，伤病曾无数次宣判她的"死刑"，对手曾无数次将她挫败，但她又一次勇敢地站了起来。这个没有被命运眷顾的女孩就像当年的美国"飞鱼"菲尔普斯一样，用自己的天赋和努力吸引了全世界的目光。

出发令一响，她就急速飞出，像一只矫健的雪燕，在白皑皑的雪山盘旋翱翔。从比赛的一开始她就建立起优势，并一直将优势保持到终点，她又一次战胜了自己，以1分44秒19的成绩摘得桂冠，傲视群芳，成为历史上第一个获得该项目金牌的美国女运动员。

她就是有着"冬奥会第一美女"之称的美国选手林赛·沃恩。

"为了得到这个冠军，我等了四年，这四年时间里，我一直在为这枚金牌努力着，现在我是最幸福的人。"夺冠后的沃恩激动得哭了，"伤病对我的确有影响，但我一站在场上，就不会考虑其他任何因素，毕竟我要为我的汗水和之前所做的努力负责。"

眼下，林赛·沃恩职业生涯的世界杯冠军数已达31个，在美国滑雪运动员中仅次于32次夺冠的伯德·米勒。

成功，并不是一件容易的事情。这条路不是平坦的大道，只有不畏劳苦沿着陡峭山路攀登的人，才有希望达到光辉的顶点。

一往无前的精神，能给人以粉碎一切障碍的决心。如果你的目标是地平线，就留给这个世界一个背影，认准了，就不要轻易回头。因为一旦回头，之前的一切辛苦将统统付诸东流……

毅力能助你实现梦想

在追求成功的道路上，每一分钟我们都有可能遇到困难。也许今天很残酷，而明天更残酷，但后天则会很美好，而许多人却在明天晚上选择了放弃，所以看不到后天的太阳。容易放弃的人是看不到最后的阳光的。成功绝非一蹴而就，关键在于你能否持之以恒。当困难阻碍你前进的脚步时，当打击挫伤你进取的雄心时，不要退避、不要放弃，如果是你自己选择的路，那么就算跪着也要把它走完。

勒格森的旅程源自于一个梦想，他希望能像心目中的英雄亚伯拉罕·林肯、布克·T.华盛顿那样，为他自己和自己的种族带来尊严和希望，能像心目中的英雄一样，为全人类服务。不过，要实现这个目标，他必须去接受最好的教育，他知道那必须要前往美国。

他未曾想过自己毫无分文，也没有任何的办法支付船票。未曾想过要上哪所大学，也不知道自己会不会被大学所接收。他未曾想过这一去便要走 3000 英里之遥，途经上百个部落，说着 50 多种语言，而他，对此一窍不通。

他什么都未多想，只是带着自己的梦想出发了。在崎岖的非洲大地上，艰难跋涉了整整5天，勒格森仅仅行进了25英里。食物吃光了，水也所剩无几，他身无分文。要继续完成后面的2975英里似乎不可能了。但他知道，回头就是放弃，就是要重归贫穷和无知。他暗暗发誓：不到美国我誓不罢休，除非我死了。

他大多时候都席天幕地，他依靠野果和植物维生，艰难的旅途生活使他变得又瘦又弱。

一次，他发了高烧，幸亏好心人用草药为他治疗，才不致有生命危险，这时的勒格森几欲放弃，他甚至说："回家也许会比继续这似乎愚蠢的旅途和冒险更好一些。"但他并没有这样做。

两年以后，他走了近1000英里，到达了乌干达首都坎帕拉。此时，他的身体也在磨炼中逐渐强壮起来，他学会了更明智的求生方法。他在坎帕拉待了6个月，一边干点零活，一边在图书馆贪婪地汲取知识。

在图书馆中，他找到一本关于美国大学的指南书。其中一张插图深深吸引了他。那是群山环绕的"斯卡吉特峡谷学院"，他立即给学院写信，述说自己的境况，并向学院申请奖学金。斯卡吉特学院被这个年轻人的决心和毅力感动了，他们接受了他的申请，并向他提供奖学金及一份工作，其酬劳足够支付他上学期间的食宿费用。

勒格森朝着自己的理想迈进了一大步，但更多的困难仍阻挡着他。

要去美国，勒格森必须办下护照和签证，还需证明他拥有可往返美国的费用。勒格森只好再次拿起笔，给童年时教导过自己的传教士写了封求助信，护照问题解决了，可是勒格森还是缺少领取签证所必须拥有的那笔航空费用。但他并没有灰心，他继续向开罗行进，他相信困难总有办法解决。他花光了所有积蓄买来一双新鞋，以使自己不至于光着脚走进学院大门。

几个月以后，他的事迹在非洲以及华盛顿佛农山区传得沸沸扬扬，人们被他这种坚毅的精神感动了，他们给勒格森寄来650美元，用以支付它来美国的费用。那一刻，勒格森疲惫地跪在了地上……

经过两年多的艰苦跋涉，勒格森终于如愿进入了美国的高等学府，仅带着两本书的他骄傲地跨进了学院高耸的大门。

故事到这里还没有结束，毕业后的勒格森并没有停止自己的奋斗。他继续深造，最后成为英国剑桥大学的一名权威学者。

从遥远且交通不发达的非洲一路艰辛跋涉、风餐露宿、食不果腹，完全是凭着毅力实现了梦想。倘若人人都有这种精神，世界上还有什么事情能够难倒我们。每个人的性格对成就自己一生的事业都是相当重要的，性格坚强者，会无所畏惧地去做艰难之事；胆怯者只能一步一步避开困难，让自己畏缩在"鸟语花香"之中。这些性格的差异，直接导致成功或失败。

有人总将别人的成功归咎于运气。诚然，是有那么一点点运气的成分，但运气这东西并不可靠，你见过哪一个英雄是完全依靠运气成功的？而执着，却能使成功成为必然！

抗过了风雨，就能迎来彩虹

人生是一个不停遭遇困难并解决困难的过程，这个过程时而短暂、时而漫长。当你面对不利境况的时候，唯一能做的就是坚持——挺过生命的低谷期，挺过走投无路的艰难期，唯有能挺住，才能让你看到"柳暗花明又一村"的精彩。

世界电器之王松下幸之助，将松下电器公司从一个只有3人的小作坊做成了一个拥有职工5万人的跨国大集团。虽然经历很多次经济危机的严重冲击，但是它还是在世界电器行业稳稳地站住了脚跟，而很多同行的、非同行的企业却濒临倒闭。人们在惊叹幸之助传奇经历的同时，是否也应该惊叹他善于"挺"的能力呢？就如《松下幸之助创业之道》前言中所说的那样"坚持=成功"。

1898年，幸之助4岁，原本殷实的家境开始没落，生活变得非常拮据。面对生活带给自己的考验，幸之助没有退缩，努力做自己力所能及的家务活。

幸之助创办松下电器公司之初，所有的钱加在一起只有100日元，支持他的总共有4个人：两位老同事森田延次郎、林伊三郎，加上他的妻子和内弟井植岁男。资金不足、人员不足是摆在面前的实实在在的困难。同样，幸之助没有退缩，他选择了接受现实：

用 100 日元和 5 个工人创办了自己的企业。后来，因为经营不善，两位老同事相继离去，只剩下幸之助夫妇和内弟 3 个人仍苦苦地支撑着，艰难地挺过一天又一天。

终于在坚持中，幸之助迎来了第一个订单——1000 只电灯底座……随后企业的发展开始步入正轨。

回想那段时光，幸之助深有感慨地说："那段时间真是异常艰难，甚至连最起码的生活都成问题。"事实确实如此：从 1917 年 4 月 13 日起到 1918 年 8 月止，幸之助共十几次将他夫人的衣服、首饰等物品送进当铺抵押借钱以维持自己企业的运转。

松下幸之助的成功，正得益于他的坚持。否则，现在就没有了松下，世界上的人也不会知道日本有个幸之助。

很多人的失败，不是因为没有能力，不是因为没有机遇，而仅仅是因为看不到前景而迷失方向，轻言放弃。就像那些对现实生活绝望的人一样，因为看不到明天、看不到希望而选择草率地结束自己的生命。

因此，在你即将放弃的时候，不妨给自己描绘一下美丽的前景，让自己看到美丽的明天，用明天的美丽来唤起今天努力的激情。与其说这是在"诱惑"自己，不如说是在引导自己，引导自己坚持梦想，引导自己挺起胸膛迎接风雨之后的彩虹。

只要还在走,前路的风景就属于你

有一位禅师欲到普陀寺去朝拜,以酬夙愿。

禅师所在寺院距离普陀寺有数千里之遥。一路之上,不仅要跋山涉水,还要时刻提防豺狼虎豹的攻击。启程之前,众徒都劝阻禅师:"路途遥遥无期,师父还是放弃这个念头吧。"

禅师肃然道:"老衲距普陀寺只有两步之遥,何谓遥遥无期呢?"

众徒茫然不解。

禅师释道:"老衲先行一步,然后再行一步,也就到达了。"

无论做什么事情,只要你迈出开始的第一步,然后再走一步,如此周而复始,就会离心中的目标越来越近。不过,如果你连迈出第一步的勇气都没有,那就不要再幻想能有所成了。

有"世界上最伟大的推销大师"之称的汤姆·霍普金斯,在讲述自己的成功经验时说道:

"你不知道,我在踏入推销界之前是多么的落魄,在从事推销后我的命运又发生了怎样的转机。我永远也不会忘记当初参加的那个推销培训班,我的所有收获都源于那次学到的东西,后来,我又潜心学习,钻研心理学、公关学、市场学等理论,结合现代观念推销技巧，终于大获成功。

"在美国房地产界我3年内赚到了3000多万美元，此后我成功参与了可口可乐、迪士尼、宝洁公司等杰出企业的推销策划。在销售方面，我是全世界单年内销售最多的业务员，平均每天卖出一幢房子。后来我的名字进入了吉尼斯世界纪录，被国际上很多报刊称为国际销售界的传奇冠军。

"当我的事业迎来辉煌的时候，有人问我'你成功的秘诀是什么？'

"我回答说'每当我遇到挫折的时候，我只有一个信念，那就是马上行动，坚持到底。成功者绝不会放弃，放弃者绝不会成功！'我要坚持到底，因为我不是为了失败才来到这个世界的，更不相信'命中注定失败'这种丧气话，什么路都可以选择，但就是不能选择'放弃'这条路。我坚信自己是一头狮子，而不是头羔羊。在我的思想中从来没有'放弃'、'不可能'、'办不到'、'行不通'、'没希望'这样的字眼。

"坚持就有成功的可能。我知道每一次推销失败，都将会增加我下次成功的概率；每一次客户的拒绝，都能使我离'成交'更近一步；每一次对方皱眉的表情，都是他下次微笑的征兆；每一次的不顺利，都将会为明天的幸运带来希望。

"我要坚持到底，今天的我不可以因昨天的成功而满足，因为这是失败的前兆，我要用信心迎向今日的太阳，只要我有一口气在，我就要坚持到底。因为我了解成功的秘诀就是：只要我坚持到底，马上行动绝不放弃，我一定会成功。"

只要你肯努力，什么时候都不晚，人生不是百米冲刺，而是一场马拉松，只要中途不放弃，最后胜利的人可能就是你。只要你还在走，前路的风光就可以属于你；只要你还在走，你就可能成为走在最前面的人；只要你还在走，你就还可能到达你梦寐以求的目的地。

第四篇
不走寻常路，因为不想太寻常

创新，让世界焕发光彩；个性，让人生充满生机。不走寻常路，彰显的是动人的个人魅力。想要走向不寻常的成功，我们就要走不寻常的路。不走寻常路，不是一意孤行的叛逆，而是另辟蹊径的积极心态；不是刻意地哗众取宠，而是精巧地塑造自我。趁年轻，走不寻常的路，走适合自己的路，抒写不一样的青春吧！

墨守成规的人，常将自己锁死

天津"狗不理"包子久负盛名，在北方几乎是家喻户晓。但是，当它的分店开到深圳时，却受到了冷遇。商家尽管不断加大宣传力度，多方开展促销活动，但始终只能热闹一阵，难以吸引众人持续钟情于它。经营者面对尴尬的局面，做了一次深入的市场调查，发现不是包子质量不好，也不是口味不好，而是深圳人对"狗不理"的名称太敏感了，心理上接受不了。经营者思之再三，忍痛摘下"狗不理"的牌子，换上"喜相逢"的匾额。此后，店里一改往日的冷清，门庭若市，效益也节节攀高，势不可当。

企业是这样，人也是这样，墨守成规就注定一事无成，突破思维定式的束缚，因人而异，因地制宜，这样才能拥有更多实现自我的机会。

墨守成规就是将自己绑缚在定式思维的框框里，不敢有所突破。

大象能用鼻子轻松地将一吨重的货物抬起来，但我们在看马戏团表演时发现，这么大的动物，却安静地被拴在一个小木桩上。因为它们自幼就被沉重的铁链拴在固定的铁桩上，不管幻象用多大的力气去拉，铁桩仍纹丝不动，这铁桩对幼象而言是太沉重的东西。后来，幼象长大了，力气也增加了，但只要身边有桩，它总是不敢轻举妄动。

这就是定式思维。长大后的象其实可以轻易将铁链拉断，但因幼时的经验一直存留大脑，它习惯地认为铁链"绝对拉不断"，所以不再去拉扯。

那么，人类又如何呢？人类也因未摆脱墨守成规的偏差习惯，只以常识性、否定性的眼光来看事物，不敢有所突破，终于白白浪费掉大好良机。

在印度洋上，一艘远洋海轮不幸触礁，沉没在汪洋大海里，幸存下来的11位船员拼死登上一座孤岛，才得以幸存下来。

但接下来的情形更加糟糕，岛上除了石头还是石头，没有任何可以用来充饥的东西，更为要命的是，在烈日的暴晒下，每个人都口渴得嗓子冒烟，这时，水成为最珍贵的东西。

尽管四周是水——海水，可谁都知道，海水又苦又涩又咸，根本不能用来解渴。当时11个人唯一的生存希望是天能降雨水或被别的过往船只发现。

几天过去了，没有任何下雨的迹象，他们的周围除了海水还是一望无际的海水，没有任何船只经过这个岛。渐渐地，10个船员支撑不下去了，他们纷纷渴死在孤岛上。

当最后一位船员快要渴死的时候，他实在忍受不住了，扑进海水里，"咕嘟咕嘟"地喝了一肚子。船员喝完海水，一点儿觉不出海水的苦涩，相反觉得这海水又甘甜又解渴。他想：也许这是自己临死前的幻觉吧，便静静地躺在岛上，等待着死神的降临。

他睡了一觉，醒来后发现自己还活着。船员觉得奇怪，于是他每天靠喝这岛边的海水度日，终于等来了救援的船只。

当人们化验这海水时发现，由于有地下泉水的不断翻涌，实际上，这里的海水是可口的泉水。其实海员们是因思维定式而放弃了生存的机会。

生活中，我们也常犯类似的错误，把一些习惯做法奉为金科玉律，一点也不敢有所违背，结果我们也就掉进了"习惯"的陷阱里，明明可以做好的事情，却碍于习惯不敢想也想不到要去做，就像故事中的那些船员一样，守着甘甜的泉水，却渴死了，这是一件多么可悲的事。其实任何事都不是一成不变的，别用你的习惯认知去解决问题，试着用变通的眼光去把握一切，这样做会使你发现很多隐藏的机会。

不走寻常路，便又多一条出路

人们往往会受到思维定式的限制，一旦碰到用现有方法解决不了的事情，就认为这件事不可能成功，其实只要你能突破这种惯性思维，你就会知道世界上根本没有所谓的不可能。

有一家效益相当好的大公司，决定进一步扩大经营规模，高薪招聘营销主管。广告一打出来，报名者云集。面对众多应聘者，招聘工作的负责人说:"相马不如赛马。"为了能选拔出高素质的营销人员,我们出一道实践性的试题:就是想办法把木梳卖给和尚。绝大多数应聘者感到困惑不解,甚至愤怒:出家人剃度为僧,要木梳有何用?这岂不是神经错乱,故意刁难人吗?过了一会儿,应聘者接连拂袖而去,几乎散尽。最后只剩下3个应聘者:张山、王平和李武。负责人对剩下的3个应聘者交代:"以10日为限,届时请各位将销售成果向我汇报。"

10日期限到。负责人问张山:"卖出多少?"答:"1把。""怎么卖的?"

张山讲述了历尽的辛苦,以及受到和尚的责骂和追打的委屈。好在下山途中遇到一个小和尚,一边晒着太阳一边使劲挠着又脏又厚的头皮。张山灵机一动,赶忙递上了木梳,小和尚用后满心欢喜,于是买下1把。

负责人又问王平:"卖出多少?"答:"10把。""怎么卖的?"王平说他去了一座名山古寺。由于山高风大,进香者的头发都被吹乱了。王平找到了寺院的住持说:"蓬头垢面是对佛的不敬。应在每座庙的香案前放把木梳,供善男信女梳理鬓发。"住持采纳了王平的建议。那山共有10座庙,于是买下10把木梳。

负责人又问李武:"卖出多少?"答:"1000把。"负责人惊问:"怎么卖的?"李武说,他到一个颇具盛名、香火极旺的深山宝刹,朝圣者如云,施主络绎不绝。李武对住持说:"凡来进香朝拜者,多有一颗虔诚的心,宝刹应有所回赠,以作纪念,保佑其平安吉祥,鼓励其多做善事。我有一批木梳,你的书法超群,可先刻上'积善梳'三个字,然后便可做赠品。"住持大喜,立即买下 1000 把木梳，并请李武小住几天，共同出席了首次赠送积善梳的仪式。得到积善梳的施主和香客，很是高兴，一传十，十传百，朝圣者更多，香火也更旺。这还不算，住持希望李武再多提供一些不同档次的木梳，以便分层次赠给各种类型的施主和香客。

把木梳卖给和尚，大多数人听了都会觉得这件事太荒谬了。因为我们每个人都知道，和尚是用不着木梳的。注意！这就是我们的惯性思维，我们遇到问题时，总习惯根据自己已有的知识，按照一种固定的思路去考虑问题，结果我们就只注意到了"和尚用不着木梳"这个常识，而忽略了木梳除了使用价值，还可以拥有其他的附加价值。而李武却想到了，他把木梳作为一种礼品卖了出去。不是这个办法太高深莫测，一般人想不到，而是因为，在现实生活中，人们已经根深蒂固地形成了一种观念：木梳是梳理头发的工具，除此之外别无他途。

观念给我们在思考问题时带来倾向性，解决一般问题的时候可以起到"驾轻就熟"的积极作用。但是很多时候它是一种障碍、一种束缚。所以，如果我们想让自己更成功，就要摆脱固定的思维模式，不断提出解决问题的新观念，这样一来，你会发现一切皆有可能，机会自然会接踵而至。

独特的思路，才能成就独特的人生

一个渴望成功的人，应当具有一种见别人之未见、行别人之未行的精神。成功离不开别具一格的创意，离不开独辟蹊径的能力。思路独特，你才能早日成功，如果只懂得随大流做事，那你注定要落在人后。

法国著名美容品制造商伊夫·洛列靠经营花卉发家，从1960年开始生产美容化妆品，到如今他在全世界的分店已逾千家，他的产品在世界各地深受人们的喜爱。

伊夫·洛列原先对花卉抱有极大的兴趣，经营着一家自己的花卉店，一个偶然的机会，他从一位医生那里得到了一种专治痔疮的特效药膏秘方。

他对这个秘方产生了浓厚的兴趣。他想：能不能使花卉的香味融入一种药膏，使之成为芬芳扑鼻的香脂呢。说干就干，凭着浓厚的兴趣和对花卉的充分了解，不久之后，伊夫·洛列果然研制成了一个香味独特的植物香脂。他十分兴奋，于是便带上他的产品去挨家挨户地推销，取得了意想不到的结果，几百瓶试制品不大工夫就卖得一干二净。

由此，伊夫·洛列想到了利用花卉和植物来制造化妆品。他认为，利用花卉原有的香味来制造化妆品，能给人以自然清新的感觉，而且原材料来源广泛，所能变换的香型种类也非常多，前途一定会大好。

他开始去游说美容品制造商实施他的计划。但在当时，人们对于利用植物来制造化妆品是抱否定态度的。几乎每个制造商都没有听完伊夫·洛列的建议便摇摇头、挥挥手，对他下了逐客令。

但是伊夫·洛列坚信自己的新颖想法没错。于是，他自己向银行贷款，建起了自己的工厂。

1960年，洛列的第一批花卉美容霜研制出来了，便开始小批量生产。结果在市面上引起了轰动。在极短的时间内，就顺利卖出了70多万瓶美容霜，这对洛列来说，不啻是个巨大的鼓舞。

伊夫·洛列利用花卉来制造美容品，可以说是一次大胆的尝试，那么，他利用邮购的方式来推销产品，更可以说是一种创举了。

伊夫·洛列开创了自己的公司之后，曾在报刊上刊登过广告，不过效果不太好，金钱花费较大，而反应也并不强烈。有一天，他突然有了一个想法，在广告上附上邮购优惠单，一定会引起许多人的注意。

于是，他在《这儿是巴黎》杂志上刊登了一则广告，上面附载了邮购优惠单。《这儿是巴黎》是一份发行量较大的杂志，结果其中40％以上的邮购优惠单给寄了回来，伊夫·洛列成功了。一时间，他这种独特的邮购方式使他的美容品源源不断地卖了出去。

1969年，伊夫·洛列扩建了他的工厂，并且在巴黎的奥斯曼大街设了一个专卖店，开始大量地生产和销售化妆品了。

伊夫·洛列另辟蹊径，打破常规，积极创新，利用花卉来制造美容霜，而且采取当时闻所未闻的邮购方式，从而使自己的事业取得了不同凡响的成绩。

因循守旧、墨守成规只会导致事业的失败。如果只是踩着前人制定好了的路线，跟在别人背后慢慢地前行，是决不可能闯出一片属于自己的天地的。

生活中，有的人有主见、有个性，思路新颖，绝不盲从别人，这种人往往比较容易获得成功，独到的眼光、见解，就是他们成功的秘诀。不墨守成规，有独特的思路，这不仅是做事成功的保证，也是我们为人处世不可缺少的精神。

"不可能"只是自己设置的障碍

任何障碍都不是失败的理由，那些倒在困难面前的人，只是在心里将困难放大了无数倍。这种行为的实质就是"自我设限"，是一种消极的心理暗示，它使我们在远未尽力之前就说服自己"这不可能……"于是我们的心会首先投降——"我不会。我完成不了……"放纵自己这样想的人很难成功，因为他已经在潜意识中停止了对成功的尝试。而事实上，这世上没有那么多不可能。

2002年，朱兆瑞在英国留学时无意中从《卫报》上看到了一则启事，大意是《卫报》要招募两名年轻人进行环球旅行，一个人向东走，一个人向西走，所有的费用都由报社支付，唯一的条件是旅行者需每天向报社写一篇文章。在一次和英国学生酒后打赌后，MBA还没毕业的朱兆瑞揣着3000美元开始了他的环球旅行。为了最大限度地缩减开支，他将所学的知识运用到实践中，制订了周密的旅行计划，设计了合理的旅行线路。

这3000美元的环球旅行并不像我们所想象的那样，睡车站、码头、节衣缩食。每到一个国家，他都会吃一些有特色的大餐。具体算下来，他每天的吃饭费用在10美元左右。有30%的时间住的是青年旅馆，40%是星级酒店，其余大部分时间他住在朋友家。靠着这种科学合理的方式他游历了世界上28个国家和地区，并参观了世界500强公司。

更令人难以置信的是，在他环球旅行中有一张最便宜的机票，从布鲁塞尔到伦敦，折合人民币8分钱！

环球旅行结束后朱兆瑞写了一本名为《3000美金，我周游了世界》的畅销书，面对众多媒体和好奇的读者他说得最多的一句话是：用勇气去开拓，用头脑去行走，用智慧去生活。

成功与失败皆取决于思想的力量。掌控你自己的思想，你就能把握成功。

审视曾经的失败你会发现：原来在还没有扬帆起航之前，许多的"不可能"就已经存在于我们的假想之中。现在你明白了，很多失败不是因为"不能"，而是源于"不敢"。不敢，就会带来想象中的障碍。

所以，我们必须告诉自己的心：没有绝对的不可能，只有自我的不认同——不认同勇气，不认同坚持，不认同自身的潜能，所以，"我"才不敢去拼搏，所以才难与成功握手！

就算想法离奇，只要努力就可能实现

大多数创意，都是一个人在经历了几番胡思乱想以后迸发出来的灵感。这世上最有价值的是人的思维，是你想出的点子。不要怕自己的想法异想天开，不要怕别人说自己是胡思乱想，要知道，有时候，胡思乱想也能想出好点子。

胡思乱想是一种创新型的思维，世界巨富比尔·盖茨认为，可持续竞争的唯一优势来自超过竞争对手的创新力！创新力如何体现？那就是想出超出常规的好点子。只有创新思维，只有敢胡思乱想，才能解决生活中不断出现的新问题，才能产生领先别人一步的灵感。

众所周知，电脑键盘一般是用塑料制作的，不过，在江西有这样一个人，他居然要用竹子做键盘卖。身边的人都说他脑子出问题了，但最终，他真的做出了竹子键盘，并且每年都有数百万元的收入。

这个人叫冯绪泉，他的父亲是一名篾匠，所以冯绪泉小时候也学过这门手艺。师大毕业以后，冯绪泉当过一段时间的老师，而后开始了将近十年的打工生活。最后，他和妻子来到深圳一家竹地板厂。

一天，同学张建军来找冯绪泉叙旧。当时张建军在深圳一家生产电脑配件的科技公司做研发员。聊着聊着，张建军开始向冯绪泉诉苦，说老板批评他开发设计的电脑键盘、音箱等没有新意。

张建军的话像一道闪电般照亮了冯绪泉的大脑，一个大胆的念头涌上心头：可不可以用竹子来做电脑键盘呢？这可绝对是前无古人的。

张建军听后认为这个想法很荒唐，在他看来，首先，竹子不可能做成键盘？就算做成了，这样的键盘也太笨重。可冯绪泉却把这事放在心里了。当天晚上，他就去买了个键盘，然后拆开，仔细研究。午夜梦醒，他又爬起来琢磨。

而后，他用了十几个晚上的时间制作出一个竹制的键盘框架。谁承想，这个辛苦做出的键盘框架根本不经摔，一不小心掉地上就碎成几块，冯绪泉反复实验了几次结果都是如此，这让他很受打击。

不过，"倔强"的冯绪泉并未就此放弃，几个月后，他作出一个惊人的决定：辞职回老家专门研究制作竹键盘！可是转眼半年过去，还是一点成果也没有。这个时候，家里已经捉襟见肘了，他不得不放弃竹键盘的研发，进了县城一家竹业公司打工。

谁想到机会就这样来了。这家公司的老板想把竹产业做大，号召全体员工群策群力，研发出附加值高的竹产品。冯绪泉的眼前一亮。

他把之前自己制作的一个竹键盘模型拿给了老板，老板看后颇有兴趣，当即让他牵头成立了一个研发小组，并保证在实验场地、机械设备、技术助手等方面给他提供足够的支持。

冯绪泉和他的助手们开始刻苦钻研，他们首先要解决的就是竹键盘的抗摔问题。功夫不负苦心人，在经过9个月的不懈努力、摔坏1000多个竹键盘模型以后，他们终于研制成了稳固性和坚硬度都与塑料键盘不相上下的竹键盘。

接下来，他们给竹键盘安装了电子线路板，这样它就能和塑料键盘一样正常使用了。他还给这项技术申请了国家专利。这种竹键盘一上市即受到白领和学生的欢迎，随后便远销到国外。后来他们又开发出了竹鼠标、竹U盘，竹子做的电脑主机、显示器外壳。

这个点子无疑是非常"雷人"的，然而无疑也是非常成功的。把那些别人想都想不到，或者说想都不敢想的事情，变成了实实在在的存在，这不能不说是创新思维的空前胜利。

所以说，不要怕自己的胡思乱想。创造性思维是上天赋予人类最宝贵的财富，我们应该好好利用。不要墨守成规，其实，我们每个人的心中都关着一个等待被释放的思维精灵。把你的"胡思乱想"勇敢地发掘出来，让它成为伴你成功的灵感吧。

轻易放弃就只能与平庸为伍

在胆小怕事和优柔寡断的人眼中，一切事情都是不可能办到的，因为乍看上去似乎如此。每天，许多人都因缺乏勇气而过着庸庸碌碌的日子。从未尝试着努力过，也从未品尝过成功带来的甘甜。

一个园艺师向一个日本企业家请教："社长先生，您的事业如日中天，而我就像一只蝗蚁，在地里爬来爬去的，一点没有出息，什么时候我才能赚大钱，能够成功呢？"

企业家对他说："这样吧，我看你很精通园艺方面的事情，我工厂旁边有2万平方米空地，我们就种树苗吧！一棵树苗多少钱？"

"50元。"

企业家又说："那么以1平方米地种两棵树苗计算，扣除道路，2万平方米地大约可以种2.5万棵，树苗成本是125万元。你算算，5年后，一棵树苗可以卖多少钱？"

"大约3000元。"

"这样，树苗成本与肥料费都由我来支付。你就负责浇水、除草和施肥工作。5年后，我们就有上千万的利润，那时我们一人一半。"企业家认真地说。

不料园艺师却拒绝说："哇！我不敢做那么大的生意，我看还是算了吧。"

一句"算了吧"，就将摆在眼前的机会轻易放弃，每个人都梦想着成功，可又总是白白放走了成功的契机。成功，显然是需要胆识的。

其实，每个人都有好运降临的时候，但你若不及时注意或者顽固地抛开机遇，那就并非机缘或命运在捉弄你，这要归咎于你自己的疏懒和荒唐，这样的人最应抱怨的其实是自己。机遇对于每个人来说都是平等的，问题是，它来了，你又在做什么、想什么？你是不是只看到了其中的危机，然后畏首畏尾无所作为呢？危机，对于胆大的人来说，是避开危机后的财富机会，而对胆小的人来说，则眼睛只会看到危险，白白浪费和错过机遇。这个社会虽然很复杂，但机会对每一个人来说其实是平等的。

我们身边每天都会有很多的机会。可是我们经常像故事里的那个人一样，总是因为害怕而停止了脚步，结果机会就这样偷偷地溜走了。那么现在想一想，细数一下，这些年来你都因为胆小失去了什么？此刻，在你的生命里，你想做什么事，却没有采取行动；你一直有个目标，却没有着手开始；你想承担某些风险，却没有勇气去冒险……这些，恐怕多得连你自己都数不清吧？也许一直以来你都在渴望做这些事，却一直耽搁下来，是什么因素阻止了你？是你的恐惧！恐惧不只是拉住你，还会偷走你的热情、自由和生命力。是的，你被恐惧控制了决定和行为，它在消耗你的精力、热忱和激情，你被套上了生活中最大的枷锁，就是活在长期的恐惧里——害怕失败、改变、犯错、冒险，以及遭到拒绝。这种心理状态，最终会使你远离快乐，放弃梦想，丧失自由。但你如果能够远离恐惧、远离懒惰、远离无知、远离坏习惯，你就会很快远离平庸与贫穷！

你必须在机遇与风险中有所选择

"你若失去了财产，你只失去了一点；你若失去了荣誉，你就丢掉了许多；你若失掉了勇气，你就把一切都失掉了"。勇气是人类最重要的一种特质，如果有了勇气，人类的其他特质自然也就具备了。

这世界上有一种人不会有大出息，就是那些树叶掉下来都怕砸脑袋的胆小鬼。诚然，谨慎没有什么不好，但太过谨慎，做什么事都如履薄冰、战战兢兢，不具备丝毫挑战的勇气，就会错失改变命运的机遇。

面对机遇与风险的抉择，聪明人从来不会放弃搏击的机会，在"无利不求险，险中必有利"的商战中更是如此。洛克菲勒当然更是深谙此中之道，他曾说："我厌恶那些把商场视为赌场的人，但我不拒绝冒险精神，因为我懂得一个法则：风险越大，收益越高。"是的，风险和回报是成正比的，要想成为一个成功的商人，没有一点冒险精神是不行的。

第四篇　不走寻常路，因为不想太寻常

在投资石油工业前，洛克菲勒的本行——农产品代销正做得有声有色，继续经营下去完全有望成为大中间商。但这一切都被他的合伙人安德鲁斯改变了。安德鲁斯是照明方面的专家，他对洛克菲勒说："嘿，伙计，煤油燃烧时发出的光亮比任何照明油都亮，它必将取代其他的照明油。想想吧，那将是多么大的市场，如果我们的双脚能踩进去，那将是怎样一个情景啊！"

洛克菲勒明白，机会来了，放走它就会削弱自己在致富竞技场上的力量，留下遗憾。于是毅然决然地告诉安德鲁斯："我干！"于是他们投资4000美元，做起了炼油生意。尽管那个时候石油在造就许多百万富翁的同时，也在使更多的人沦为穷光蛋。

洛克菲勒从此一头扎进炼油业，苦心经营，不到一年的时间，炼油就为他们赢得了超过农产品代销的利润，成为公司主营业务。那一刻他意识到，是胆量，是冒险精神，为他开通了一条新的生财之道。

当时没有哪一个行业能像石油业那样能让人一夜暴富，这样的前景大大刺激了洛克菲勒赚大钱的欲望，更让他看到了盼望已久的大展宏图的机会。

随后，洛克菲勒便大举扩张石油业的经营战略，这令他的合伙人克拉克大为恼怒。在洛克菲勒眼里，克拉克是一个无知、自负、软弱、缺乏胆略的人，他害怕失败，主张采取审慎的经营策略。但这与洛克菲勒的经营观念相去甚远。"在我眼里，金钱像粪土一样，如果你把它散出去，就可以做很多的事，但如果你要把它藏起来，它就会臭不可闻。"洛克菲勒是这样想的。

克拉克不是一个好的商人，他不懂得金钱的真正价值，已经成为洛克菲勒成功之路上的"绊脚石"，必须踢开他，才能实现理

想。但是，对洛克菲勒来说，与克拉克先生分手无疑是一场冒险。因为在那个时候，很多人都认为石油是一朵盛开的昙花，难以持久。一旦没有了油源，洛克菲勒的那些投资将一文不值。但洛克菲勒最终还是决定冒险——进军石油业。

后来，洛克菲勒回忆说："我的人生轨迹就是一次次丰富的冒险旅程，如果让我找出哪一次冒险对我最具影响，那莫过于打入石油工业了。"事实证明，洛克菲勒凭着过人的胆识，抱着乐观从容的风险意识，知难而进，逆流而上，赢得了出人意料的成功——他21岁时，就拥有了科利佛兰最大的炼油厂，已经跻身于世界最大炼油商之列。

这种敢于冒险的进取精神是洛克菲勒成功的又一重要因素，他曾告诫自己的儿子说："几乎可以确定，安全第一不能让我们致富，要想获得报酬，总是要接受随之而来的必要的风险。人生又何尝不是这样呢。没有维持现状这回事，不进则退，事情就是这么简单。我相信，谨慎并非完美的成功之道。不管我们做什么，乃至我们的人生，我们都必须在冒险与谨慎之间做出选择。而有些时候，靠冒险获胜的机会要比谨慎大得多。"

我们无所突破，也许不是缺乏克服困难的能力，而是缺乏克服困难的勇气。可能我们今天已经变得木讷而保守，如果是这样，就要重新拾回往日的激情与勇气，激发冒险的本能。一般情况下，风险越大，回报也就越大。因此，勇气的有无和大小，往往是成功和失败之间的分界线。

走得最远的，常是愿意冒险的人

想法决定活法，这在敢于冒险的人身上能够充分体现出来，这种人有较高的成功欲望，他们往往通过冒险来捕捉和创造人生际遇，并在不断的追求中使人生价值得以实现。

在顾虑重重的人观望和犹疑时，机遇已经像水一样从他的指缝间溜走了，我们常说的贻误战机，都是这样的。敢于冒险的人才不会贻误战机，而且能够抓住它，一举而获全胜。

沃克开办了一家农机公司，开始的前几年，生意非常清淡，公司面临着破产的危险。为了能够让公司起死回生，沃克推出了"保证赔偿"的营销策略。沃克许诺，在机器开始使用两年内，如出现故障，由该公司免费维修。

这是一个极具风险的策略，因为收割机出现故障，究竟是人为操作不当，还是质量原因，公司很难调查清楚，因此几乎所有的公司高级职员都反对这一办法，建议沃克另作考虑。

沃克不为所动，因为他的想法来源于对自己产品的反复研究和思考。他认为自己生产的收割机虽然尚有需要改进之处，但质量方面绝不会出现问题。公司生意不好，在于产品的知名度不高，如果不能在服务方面给予用户足够的保障，就不可能打开营销局面，因此，他认为："投资必有风险，如果公司不开拓一条新路，是难以为继的。"

这一策略果然取得了成功，不过数年，这家公司就成了真正的国际性大公司。

沃克敢想、敢为、敢创新，不因害怕失败而不去冒险，敢于尝试，最终成功。这就是现代生意人能够成功的秘诀！

每个人心中都应该有一种追求无限和永恒的品质，这种品质反映在行为上就是冒险。敢想敢做是一笔宝贵的财富，它在使人冲动的同时却又给予人们以热情、活力与敢向一切挑战的勇气，成功人士总能在事前预计到种种可能招致的损失，也就是跨出这一步所承担的风险，但他们不会因此而不敢冒险。

征服危机，它就是你人生的转机

如台风带来海啸一般，机会常与风险并肩而来。有的人看见风险便退避三舍，再好的机会在他眼中都失去了魅力。大凡成大事者，无不慧眼辨机，他们看到的不仅是风险，更在风险中发现并逮住机会。

我们虽然不赞成赌徒式的冒险，但任何机会都有一定的风险性，如果因为怕风险就连机会也不要了，无异于因噎废食。

美国金融大亨摩根就是一个善于在风险中发掘机会的人。

摩根诞生于美国康涅狄格州哈特福德的一个富商家庭。摩根家族 160 年前后从英格兰迁往美洲大陆。最初，摩根的祖父约瑟夫·摩根开了一家小小的咖啡馆，积累了一定资金后，又开了一家大旅馆，既炒股票，又参与保险业。可以说，约瑟夫·摩根是靠胆识发家的。一次，纽约发生大火，损失惨重。保险投资者惊慌失措，纷纷要求放弃自己的股份以求不再负担火灾保险费，约瑟夫却买下了全部股份，然后，他把投保手续费大大提高。他还清了纽约大火赔偿金，信誉倍增，尽管他增加了投保手续费，投保者还是纷至沓来。这次火灾，反使约瑟夫净赚 15 万美元。就是这些钱，奠定了摩根家族的基业。摩根的父亲吉诺斯·S.摩根则以开菜店起家，后来他与银行家皮鲍狄合伙，专门经营债券和股票生意。

生活在传统的商人家族里，经受着特殊的家庭氛围与商业熏陶，摩根年轻时便敢想敢做，颇具商业冒险和投机精神。1857 年，摩根从德哥廷根大学毕业，进入邓肯商行工作。一次，他去古巴哈瓦那为商行采购鱼虾等海鲜归来，途经新奥尔良码头时，他下船在码头一带兜风，突然有一位陌生人从后面拍了拍他的肩膀："先生，想买咖啡吗？我可以出半价。"

"半价？什么咖啡？"摩根疑惑地盯着陌生人。

陌生人马上自我介绍说："我是一艘巴西货船船长，为一位美国商人运来一船咖啡，可是货到了，那位美国商人却已破产了。这船咖啡只好在此抛锚……先生！您如果买下，等于帮我一个大忙，我情愿半价出售。但有一条，必须现金交易。先生，我是看您像个生意人，才找您谈的。"

干

摩根跟着巴西船长一道看了看咖啡，咖啡成色还不错。想到价钱如此便宜，摩根便毫不犹豫地决定以邓肯商行的名义买下这船咖啡。然后，他兴致勃勃地给邓肯发出电报，可邓肯的回电是："不准擅用公司名义！立即撤销交易！"

摩根觉得很沮丧，不过他又觉得自己的确太冒险了，邓肯商行毕竟不是他摩根家的。自此摩根便产生了一种强烈的愿望，那就是开自己的公司，做自己想做的生意。

摩根无奈之下，只好求助于在伦敦的父亲。吉诺斯回电同意他用自己伦敦公司的户头偿还挪用邓肯商行的欠款。摩根大为振奋，索性放手大干一番，在巴西船长的引荐之下，他又买下了其他船上的咖啡。

摩根初出茅庐，做下如此一桩大买卖，不能说不是冒险。但上帝偏偏对他情有独钟，就在他买下这批咖啡不久，巴西便出现了严寒天气，一下子使咖啡大为减产。这样，咖啡价格暴涨，摩根便顺风迎时地大赚了一笔。

从咖啡交易中，吉诺斯认识到自己的儿子是个人才，便出了大部分资金为儿子办起摩根商行，供他施展经商的才能。摩根商行设在华尔街纽约证券交易所对面的一幢建筑里，这个位置对摩根后来叱咤华尔街乃至左右世界风云起了不小的作用。

这时已经是1862年，美国的南北战争正打得不可开交。林肯总统颁布了"第一号命令"，实行了全军总动员，并下令陆海军对南方展开全面进攻。

一天，克查姆——一位华尔街投资经纪人的儿子、摩根新结识的朋友，来与摩根闲聊。

"我父亲最近在华盛顿打听到，北军伤亡十分惨重。"克查姆神秘地告诉他的新朋友,"如果有人大量买进黄金,汇到伦敦去,肯定能大赚一笔。"

对经商极其敏感的摩根立时心动,提出与克查姆合伙做这笔生意。克查姆自然跃跃欲试,他把自己的计划告诉摩根:"我们先同皮鲍狄先生打个招呼,通过他的公司和你的商行共同付款的方式,购买四五百万美元的黄金——当然要秘密进行;然后,将买到的黄金一半汇到伦敦,交给皮鲍狄,剩下一半我们留着。一旦皮鲍狄将黄金汇款之事泄露出去,而政府军又战败时,黄金价格肯定会暴涨;到那时,我们就堂而皇之地抛售手中的黄金,肯定会大赚一笔!"

摩根迅速地盘算着这笔生意的风险程度,爽快地答应了克查姆。一切按计划行事,正如他们所料,秘密收购黄金的事因汇兑大宗款项走漏了风声,社会上传出大亨皮鲍狄购置大笔黄金的消息,"黄金非涨价不可"的议论四处流行。于是,很快形成了争购黄金的风潮。由于这么一抢购,金价飞涨,摩根一看火候已到,迅速抛售了手中所有的黄金,又大赚了一笔。

这时的摩根虽然年仅26岁,但他那闪烁着蓝色光芒的大眼睛,看去令人觉得深不可测;再搭上短粗的浓眉、胡须,会让人感觉到他是一个深思熟虑、老谋深算的人。

此后的一百多年间,摩根家族的后代都秉承了先祖的遗传,不断地冒险,不断地投机,不断地暴敛财富,终于打造了一个实力强大的摩根帝国。

机会常常与风险结伴而行,结伴而来的风险其实并不可怕,就看你有没有勇气去逮住机会,敢冒风险的人才有最大的机会赢得成功。

果断一点，该出手时绝不要缩手

在我们的生命中，很多机会都只有一次，失去了它，你便失去了一种生活；得到了它，你的命运或许就在机会中得到改变。

一个人要想把握住机遇，掌握自己的命运，除了具备独立的个性以外，更需要培养一种果断的个性。性格果断的人能抓住机遇，而性格优柔寡断的人就会失去机遇。

在选择面前，在机遇面前，在困惑面前，在众人面前需要决策时，果断，会显得难能可贵。果断，是一种性格，也是一种气质，它会让身边的人体验到雷厉风行的快感。果断更是一种意境，只有果断行事、当机立断的人，才会让人钦佩、羡慕、依赖并从中获得安全感。

美国的钢铁巨头卡内基就是一个性格果断，善于把握机遇的人。

卡内基预料到，南北战争结束之后，经济复苏必然降临，经济建设对于钢铁的需求量便会与日俱增。

于是他义无反顾地辞去铁路部门报酬优厚的工作，合并由他主持的两大钢铁公司——都市钢铁公司和独眼巨人钢铁公司成立了联合制铁公司。同时，卡内基让弟弟汤姆创立匹兹堡火车头制造公司和经营苏必略铁矿。

当时，美国击败了墨西哥，夺取了加利福尼亚州，决定在那里建造一条铁路，同时，美国规划修建横贯大陆的铁路。

几乎没有什么投资比投资铁路更加赚钱了。

联邦政府与议会首先核准联合太平洋铁路，再以它所建造的铁路为中心线，核准另外三条横贯大陆的铁路线。

但一切远非如此简单，纵横交错的各种相连的铁路建设申请纷纷提出，竟达数十万之多，美洲大陆的铁路革命时代即将来临。

"美洲大陆现在是铁路时代、钢铁时代，需要建造铁路、火车头、钢轨，钢铁是一本万利的。"卡内基这么思索。

不久，卡内基向钢铁发起进攻。在联合制铁厂里，矗立起一座 22.5 米高的熔矿炉，这是当时世界最大的熔矿炉，对它的建造，投资者都感到提心吊胆，生怕将本赔进去一无所获。

但卡内基的努力让这些担心成为杞人忧天。他聘请化学专家驻厂，检验买进的矿石、灰石和焦炭的品质，使产品、零件及原材料的检测系统化。

在当时，从原料的购入到产品的卖出，往往显得很混乱，直到结账时才知道盈亏状况，完全不存在什么科学的经营方式，卡内基大力整顿，实施了层次职责分明的高效率的管理，使生产水平大为提高了。

同时，卡内基买下了英国道兹工程师"兄弟钢铁制造"专利，又买下了"焦炭洗涤还原法"的专利。

他这一做法不乏先见之明，否则，卡内基的钢铁事业就会在不久的经济大萧条中成为牺牲品。

爱略特说过："世上没有一个伟大的业绩是由事事都求稳操胜

券的犹豫不决者创造的。"果断地作出决策，把握机会，是成功者必备的素质之一。只有果敢决断的人，才能迅速把握来之不易的机遇，获得成功人生的辉煌。

想成功，就不能害怕犯错误

要求"保证什么都不会出差错"的人，一般都不能成什么大气候。世界上任何领域的一流高手，都是靠着勇敢面对他人所畏惧的事物才脱颖而出的，而一些取得了成功的人，也都是如此，都是以冒险的精神作为后盾的。

有一个人从小没有看见过海，他很想看一下大海到底是什么样的。有一天，他得到一个机会，当他来到海边，那儿正笼罩着雾，天气又冷。"啊，"他想，"我不喜欢海；真庆幸我不是水手，当一个水手太危险了。"

在海岸上，他遇见一个水手，他们交谈起来。

"你怎么会爱海呢？"这个人奇怪地问，"那儿弥漫着雾，又冷。"

"海不是经常都冷和有雾，有时，大海是很美丽的，无论任何天气，我都爱海。"水手说。

"当一个水手不是很危险吗？"

"当一个人热爱他的工作时，他就不会再害怕什么危险，我们家的每一个人都爱海。"水手说。

"你的父亲现在何处呢？"

"他死在海里。"

"你的祖父呢？"

"死在大西洋里。"

"既然如此，"这个人带着同情和惋惜的语气说，"如果我是你，我就永远也不到海里去。"

"那你愿意告诉我你父亲死在哪儿吗？"

"啊，他在床上断的气。"

"你的祖父呢？"

"也是死在床上。"

"这样说来，如果我是你，"水手说，"我就永远也不到床上去了。"

一个人在冒险的过程中，就会让自己原本平淡无聊的生活变得激动人心起来，而且如果你能勇于冒险求胜，你就能比你想象的做得更好。

吉姆·伯克晋升为约翰森公司新产品部主任后的第一件事，就是要开发研制一种儿童使用的胸部按摩器，然而，这种产品的试制失败了，伯克心想这下完了，可能只好卷铺盖走人了。

伯克被召去见公司的总裁，不过，他受到了意想不到的接待。"你就是那位实验失败者吗？"罗伯特·伍德·约翰森问道，"好，我倒要向你表示祝贺。你能犯错误，说明你勇于冒险，而如果缺乏这种精神，我们的公司就不会有发展了。"数年之后，伯克已经成了约翰森公司的总经理，但他依然始终牢记着前总裁的这句话。

成功与财富，甚至你想拥有的每一样东西、每一项技能都不是与生俱来的，要得到这些，一定要经过冒险的阶段，并发挥"越失败，越勇敢"的精神，尝试，再尝试，才可能获得。

也许我们今天已变得稳健而保守，如果这样的话，就需要重新拾回失去的冒险本能，培养健康的冒险精神。

要敢于做第一个吃螃蟹的人

社会的发展日新月异，人的消费意识和消费品位也趋于从大众化走向个性化。以自己独具个性的产品适合消费者的个性消费，这已是摆在新世纪经商者面前回避不了的课题。所谓个性产品，就是要为自己的产品制造"人无我有"的营销氛围。

在"人无我有"的意识上，再往下引申，那就是为敢于为他人不为，做他人不做。

现在的商战，只要你想得比别人早，动作比别人快，你就能够获得成功！

2002年韩日世界杯开战前，当韩国商人指望赚中国球迷的钱时，有一个中国球迷却异想天开，要赚韩元。2002年6月底，他携女友从韩国看球归来时，果真带回1亿多韩元，折合人民币100余万元。看"世界杯"，竟然让他成了百万富翁！

这个不同寻常的小伙子名叫蒋超。

刚满 30 岁的蒋超是湖南长沙一家电脑公司的销售员。蒋超想，世界杯召开之际，一定有很多商机，但是走许多人想到的发财之路，很难发财，一定要赚别人想不到的钱。

蒋超和女友随旅行团来到了韩国。有心赚韩元的蒋超，果断决定不同女友一起去西归浦看中国队的比赛，而是选择了前往韩国队首场比赛的地点——釜山。

蒋超独自来到釜山。他发现当地商人在出售价格便宜的铜制"大力神杯"。蒋超心中一动：这种铜制品又贵又沉，自己何不用塑料泡沫仿制呢？这样，又便宜又能带入赛场，这样球迷们肯定更喜欢。

说干就干，第二天一大早，蒋超就买回了原料和工具，在宾馆里做起了他的"大力神杯"，做完后用金粉一刷，嘿，还真像那么回事！兴奋之余，他没日没夜地赶工，韩国队与波兰队的比赛开始前，他已经赶制出了 152 只漂亮的"大力神杯"。

比赛当天，蒋超将这些"大力神杯"拉到了釜山体育场的入口处叫卖，每只 1 万韩元。但无人问津，蒋超在心里默默祈祷：韩国队，只有你们赢了，我的这些产品才卖得出去啊！

开赛第 25 分钟，韩国先入一球，体育场内顿时欢声雷动，蒋超凭直觉感到韩国队今天会大胜，便立刻叫雇来的那个人火速去收购商场里的韩国国旗，一共买到了 1000 余面。蒋超决心放胆赌上一把。

比赛的结果韩国队以 2∶0 干脆利落地击败了波兰队，极度兴奋的韩国球迷们冲出球场，大肆庆祝韩国队的胜利。这时，蒋超摆放在那儿的韩国国旗和"大力神杯"顿时成了抢手货，它们很快便被抢购一空。兴奋的球迷们甚至连价格都不问，拿了东西丢下10万、20万韩元就走。当天夜里，在韩国人排山倒海的欢呼声中，疲惫不堪的蒋超开始盘算他的收益：扣除各项成本，他净赚1000万韩元（约合7万元人民币）。

首战告捷，更坚定了蒋超"赚韩元"的信心。第二天，蒋超立马赶赴韩国队第二轮比赛的城市大丘。在他的鼓动下，女友也改变了原来的游览计划，赶来大丘与他会合。两人夜以继日地赶制塑料泡沫"大力神杯"。眼见韩国队荷兰籍主教练希丁克在韩国的威信日升，精明的蒋超不仅定制了荷兰国旗，还特意找当地人印制了希丁克的画像。他的成本价才25韩元的"大力神杯"，最高甚至卖到了15万韩元一只。

蒋超和女友收获最大的还是在仁川，这次他们多了个心眼，赛前仅出售了一半带来的"大力神杯"和韩、荷两国国旗。他们决定把另一半生意做到比赛现场。

这次比赛，韩国队击败了夺冠大热门葡萄牙队。看台上的韩国人都疯狂起来了。蒋超和女友仅在现场批发、零售希丁克的画像就赚了2000万韩元。

赛后，首次冲进16强的韩国人足足庆祝了三天三夜，而这三天三夜的庆祝又带给了蒋超他们上千万韩元的进账！韩国队八分之一决赛的对手，是曾三夺世界杯的老牌劲旅意大利队。除了韩国人自己，几乎没有人相信韩国队能过这一关。这一次连蒋超也犹豫了。他关在宾馆里反复观看了两队在小组赛的录像。最后，他得出一个让女友都极力反对的结论：韩国队很可能爆冷门战胜意大利队。蒋超决定再赌一把。他收购了赛场所在地大田市场所有商场的"大力神杯"仿制品，同时，自己雇用工人连夜赶制他的得意之作——塑料泡沫"大力神杯"。

当比赛进行到最后一分钟，韩国队奇迹般地打进扳平的一球。

2002年6月底，蒋超和女友回到湖南，带回来的竟然是1亿多韩元，折合成人民币有100余万元。看球看成了百万富翁，真是令人惊叹不已！

蒋超在接受记者采访时感叹："其实世界杯为所有的人都提供了商业契机，只是我们中间的绝大多数人不敢去想、不敢去做而已！"

许多人都认为，能否获得机会，主要是看运气的好坏。固然，运气的基本要素是偶然性，但它对于任何人都是一视同仁的。也就是说，所有的人"交好运"的可能性一样多，在机会面前人人平等。关键在于有的人把握了，有的人没有把握。如果说好运和机会有什么偏爱的话，那就是爱因斯坦所说的，它只偏爱有准备的头脑。

争当第一个吃螃蟹的人，就是要敢于去尝试创新，敢于利用自己的特点，找出适合自己或企业发展的路；而且还要敢为天下先，永争第一。相反，如果不敢自己尝试创新，等看到别人成功后才步人后尘，企图分一杯羹，许多情况下只会有别人捡了西瓜我捡芝麻的结局。

冒险的同时，也要能控制风险

敢于冒险和善于冒险是成功者的本色，但冒险并不是孤注一掷，如果两者混为一谈，冒险就会成为鲁莽。莽撞之人敢于轻率地冒险，不是因为他勇敢，而是因为他看不到危险，结果失去了所有的东西，包括东山再起的资本和信心。成功离不了冒险，但更要注重化险为夷、稳中制胜。冒险而又能控制风险，成功的机会就会大一些。

翻开索罗斯征战金融界的记录，一般人都会被他出手的霸气吓倒，也可以说豪气。很多人误以为只是命运之神特别眷顾索罗斯，认为他只是赌赢罢了，赌输了还不是穷光蛋一个？

其实索罗斯有自己的原则：冒险而不忽略风险，豪赌而不倾囊下注。他在冒险之前，是评估过风险，下过功夫研究的。他的冒险并不是不顾安全，赌资虽大但不是他的全部家当。他虽然时常豪赌，但也会先以资金小试一下市场，绝不会财大气粗到处拿巨资作战。

冒险家的成功，除了极少的幸运因素之外，大多是他们谋算出了风险的系数有多大，做好了应对风险的准备，从而增加了胜算的概率。正所谓大胆行动的背后必有深谋远虑，必有细心的筹划与安排。

冒险不同于赌博，我们做事，不但要知道什么时候是最佳时机，更要对风险有超前的预见力与决断力。世上没有十全十美、只赢不输的正确方案，有的只是成功的信心和冒险的准备。

冒险需要理智。冒险不是冒进，无知的冒进只会使事情变得更糟。当你想去冒险干一件大事时，一定要先进行科学论证，千万不要去充当冒冒失失的莽汉。

成功者在做事之前，往往先深思熟虑，深入实地，去发现可能的危险与不测。从而在具体做事的过程中因为谨慎而免于危险，幸运之神时常也会在这种情况下加以帮助。

在其他人都忽视的地方掘金子

人们害怕冒风险所以更愿意跟随大多数的意见。经济学里经常用"羊群效应"来描述个体的这种从众跟风心理。羊群是一种很散乱的组织，平时在一起也是盲目地左冲右撞，一旦有一只头羊动起来，其他的羊也会不假思索地一哄而上。中国的投资市场一直都存在着这种"羊群效应"——一个新兴事物，没有人投资的时候大家都不投资，因为心里不踏实，一旦有人出手了并赚了大钱，就一窝蜂地去跟随。

从投资角度来讲,这种从众心理非常不可取。因为"跟风"的结果,只能是永远慢一拍,往往是高投入,却收益甚少,因为大家都在做,市场已经接近饱和。更何况,还有些不良炒家利用各种手段设局炒作,有些盲从者往往会受到误导陷入骗局。

股神巴菲特对于这种现象给出了警告:"在其他人都投了资的地方去投资,你是不会发财的!"这句话被称为"巴菲特定律",是股神多年投资生涯的经验结晶。从 20 世纪 60 年代以廉价收购了濒临破产的伯克希尔公司开始,巴菲特创造了一个又一个的投资神话。有人计算过,如果在 1956 年,你的父母给你 1 万美元,并要求你和巴菲特共同投资,你的资金会获得 27000 多倍的惊人回报,而同期的道琼斯工业股票平均价格指数仅仅上升了大约 11 倍。在美国,伯克希尔公司的净资产排名第五,位居时代华纳、花旗集团、美孚石油公司和维亚康姆公司之后。

能取得如此辉煌的成就,正是得益于他所总结出的那条"巴菲特定律"。很多投资人士的成功,其实都是因为通晓这个道理。

美国淘金热时期,淘金者的生活条件异常艰苦,其中最痛苦的莫过于饮水匮乏。众人一边寻找金矿,一边发着牢骚。一人说:"谁能够让我喝上一壶凉水,我情愿给他一块金币";另一人马上接道:"谁能够让我痛痛快快喝一回,傻子才不给他两块金币呢。"更有人甚至提出:"我愿意出三块金币!!"

在一片牢骚声中,一位年轻人发现了机遇:如果将水卖给这些人喝,能比挖金矿赚到更多的钱。于是,年轻人毅然结束了淘金生涯,他用挖金矿的铁锹去挖水渠,然后将水运到山谷,卖给那些口渴难耐的淘金者。一同淘金的伙伴纷纷对其加以嘲笑——"放着挖金子、发大财的事情不做，却去捡这种蝇头小利"。后来，大多数淘金者均"满怀希望而去，充满失望而归"，甚至流落异乡、挨饿受冻，有家不得归。但那位年轻人的境况则大不相同，他在很短的时间内，凭借这种"蝇头小利"发了大财。

记住，每一个商机出现时，能把握住商机赚到大钱的只是少部分人。不赚钱的永远是大部分人，你跟着这大部分亏钱的投资人，哪有挣钱之理？所以，投资一定要眼光独到，要有自己的方向和规划，要做最早发现商机并赚到大钱的那一少部分人。

陷入困局时，不妨掉转一下角度

可能很多人都看过这样一则笑话：美国宇航局曾经为圆珠笔在太空不能顺畅使用而苦恼，提供巨资请专家研制新品种。两年过去了，该科研项目进展缓慢。于是，宇航局向社会悬赏，征求此种"便利笔"。不料，很快来了一个小伙子，他向惊讶的官员们出示自己的"研究成果"——一支铅笔！其实这个笑话告诉了我们一个道理：如果换个思路，换个角度看问题，你可能就会从失败迈向成功。

有一家生产牙膏的公司，产品优良，包装精美，深受广大消

费者的喜爱，每年营业额蒸蒸日上。

记录显示，前10年每年的营业额增长率为15%至20%，不过，随后的几年里，业绩却停滞下来，每个月维持同样的数字。

公司总裁便召开全国经销点经理级高层会议，以商讨对策。

会议中，有名年轻经理站起来，对总裁说："我手中有张纸，纸里有个建议，若您要使用我的建议，必须另付我10万元！"

总裁听了很生气地说："我每个月都支付你薪水，另有分红、奖励。现在叫你来开会讨论，你还要另外要求10万元。是不是过分了？"

"总裁先生，请别误会。若我的建议行不通，您可以将它丢弃，一分钱也不必付。"年轻的经理解释说。

"好！"总裁接过那张纸后，看完，马上签了一张10万元支票给那位年轻经理。

那张纸上只写了一句话：将现有的牙膏管口的直径扩大1毫米。

总裁马上下令更换新的包装。

试想，每天早上，每个消费者挤出比原来粗1毫米的牙膏，每天牙膏的消费量将多出多少呢？

这个决定，使该公司随后一年的营业额增加了25%。

当总裁要求增加产品销量时，绝大多数高级主管一定是在考虑怎样才能扩大市场份额，怎样才能把产品推广到更多地区，一些可能连怎样在广告方面做文章都想到了，但这些都是老生常谈，只有那位年轻的经理换了个思路：增加老顾客的消费量，不是同样能达到增加销售的目的吗？而且这个方法更简单、更有效。灵活的思考对一个人的成功是非常必要的。能够从另一个角度看问题，见人所不见，善于突破常规，这就是创造。

19世纪50年代，美国西部刮起了一股淘金热。李维·施特劳斯随着淘金者来到旧金山，开办了一家专门针对淘金工人销售日用百货的小商店。一天，他看见很多淘金者用帆布搭帐篷和马车篷，就乘船购置了一大批帆布运回淘金工地出售。不想过去了很长时间，帆布却很少有人问津。李维·施特劳斯十分苦恼，但他并不甘心就这样轻易失败，便一边继续推销帆布，一边积极思考对策。有一天，一位淘金工人告诉他，他们现在已不再需要帆布搭帐篷，却需要大量的裤子，因为矿工们穿的都是棉布裤子，很不耐磨。李维·施特劳斯顿觉眼前一亮：帆布做帐篷卖销路不好，做成既结实又耐磨的裤子卖，说不定会大受欢迎！他领着那个淘金工人来到裁缝店，用帆布为他做了一条样式很别致的工装裤。这位工人穿上帆布工装裤后十分高兴，逢人就讲这条"李维氏裤子"。消息传开后，人们纷纷前来询问，李维·施特劳斯当机立断，把剩余的帆布全部做成工装裤，结果很快就被抢购一空。由此，牛仔裤诞生了，并很快风靡，也给李维·施特劳斯带来了巨大的财富。

在这个世界上，从来没有绝对的失败，有时候只要调整一下思路，转换一个视角，失败就会变成成功。很多人相信，如果失败了，就应该赶快换一个阵地再去奋斗，如果按照这种观点，李维·施特劳斯就应该把帆布锁进仓库里，或廉价甩卖出去，但幸好李维·施特劳斯没有这么做。他没有放弃帆布，并且积极寻找解决问题的办法，终于从淘金工人的话里获得了启示：将帆布改成帆布裤，因此获得了成功。失败与成功相隔得并不远，有时也许只有半步距离。所以，如果遭遇到了失败，千万不要轻易认输，更不要急于走开，只要保持冷静，勇于打破思维的定式，积极寻找对策，成功很快就会到来。

聪明人，不会总在一个层次做固定思考。他们知道很多事情都是多面的，如果你在一个方向碰了壁，那也不要紧，换个角度就会找到机会，就会走向成功。

直路走不通，就从弯路绕过去

天无绝人之路，我们之所以常常感到成功的路走不通，那是因为我们自己的思路狭隘，缺乏"绕道"的意识。

人生如登山，从山脚到山顶往往没有一条直路。为了登上山顶，人们需要避开悬崖峭壁，绕过山涧小溪，绕道而行。这样一来似乎与原来的目标背道而驰了，可实际上能够到达山顶。

弗兰克·贝特克是美国著名的推销员，他曾经使一个不近人情的老人捐出了一笔巨款。

有一次，人们为筹建新教会进行募捐活动，有人想去向当地的首富求助。但是一位过去曾找过他却碰了一鼻子灰的人说："到目前为止，我接触过不计其数的人，可是从未见过一个像那老头那样拒人千里之外的。"

这个老富翁的独生子被歹徒杀害了，老人发誓说一定要用余生寻找仇敌，为儿子报仇。可是很长一段时间过去了，他却一点线索也没有找到。伤心之余，老人决定与世隔绝，于是把他跟所有人的联系都切断了。他闭门不出的日子已经持续了接近一年。

弗兰克了解了这些情况之后，自告奋勇要去找那老人试一试。第二天早晨，弗兰克按响了那栋豪宅的门铃。过了很长时间，一位满脸忧伤的老人才出现在大门口。"你是谁？有什么事？"老人问。

"我是您的邻居。您肯让我跟您谈几分钟吗？"弗兰克说，"是有关您儿子的事。""那你进来吧。"老人有些激动。

弗兰克小心翼翼地在老人的书房坐下，提起了话头。

"我理解您此时巨大的痛苦。我也跟您一样，只有一个独生子，他曾经走失过，我们两天多都没有找到他，我可以想象得到您现在有多么悲伤。我知道您一定非常爱您的儿子，我深切同情您的遭遇。为了让我们都记住您的儿子，我想请您以您儿子的名义，为我们新建的教会捐赠一些彩色玻璃窗，在那些美丽的玻璃窗上我们会刻上您儿子的名字，不知您……"

听到弗兰克恭敬而暖心的话语，老人似乎显得有些心动，于是就反问道："做那些窗户大约需要多少钱？""到底需要多少，我也说不清楚，只要您捐赠您乐意捐赠的数目就可以了。"

走的时候，弗兰克怀揣着5000美金的支票，这在当时是一笔惊人的巨款。

为什么别人都碰钉子的事情，弗兰克却能够如愿以偿？弗兰克说了这么一段话："我去找那位老人不是为了他的捐助，我是想让那位老人重新感受到人间的温暖，我想用他儿子唤醒他的爱心。"弗兰克知道开门见山地直接和老人谈募捐是行不通的，因此，他就绕了一个弯子，用一种感人方式，得到了老人的认可，不仅得到了别人梦寐以求的捐助，更使老人感受到了人间的温暖和关爱，使他走出了心灵的阴霾，这种思维方式是值得我们学习的。

人的一生，有许多事是不以自己的意志为转移的，会遇到很多挫折和障碍。理想与现实的距离有时很大，大到即使你付出了全部努力，也不能保证成功。这时，我们也应该学会转弯，条条大路通罗马，我们转个弯换条路试试。

善于变通，乌鸦也能猎到羊

人们曾做过这样一个试验：他们把一只蝴蝶放飞在一个房间里，它会拼命地飞向玻璃窗，但每次都碰到玻璃上，在上面挣扎好久恢复神志后，它会在房间里绕上一圈，然后仍然朝玻璃窗上飞去，当然，它还是"碰壁而回"。

其实，旁边的门是开着的，只因那边看起来没有这边亮，所以蝴蝶根本就不会朝门那儿飞。追求光明是多数生物的天性。它们不管遭受怎样的失败或挫折，总还是坚决地寻求光明的方向。而当我们看见碰壁而回的蝴蝶的时候，应该从中悟出这样一个道理：有时，我们为了达到目的，选择一个看来较为遥远、较为无望的方向反而会更快地如愿以偿；相反，则会永远在尝试与失败之间徘徊。

几年前，超市和连锁店用计算机系统管理的方式悄然兴起。吴桐和4个同学经过市场考察，决定抓住这个机会筹建公司，专攻商业管理系统的软件开发。可是刚开始的时候根本没有多少人来找他们做安装，几个人凭借着一腔热忱和不服输的信念在苦苦支撑。

一年后，资金快要耗尽的时候，曙光初现：一家即将开业的大型超市准备安装一套计算机管理系统。这是本市第一家有意向的超市，如果他们安装成功，可以赚到第一桶金，同时有利于开拓下一个商场。吴桐满怀信心地去谈判，可是超市老总嫌他们公司太小，而且之前也没什么成功的案例可供参考，无论实力还是信誉都几乎为零，一口回绝了他。

一年多的心血和十几万的投入被人看得一文不值，这让吴桐沮丧到了极点。他萌生了退意，可是又真的舍不得自己花费大量时间和精力创办的公司。正在彷徨的时候，一个同学讲起了乌鸦猎羊的故事：乌鸦是不会捕猎的，但是它们又想吃到羊，那怎么办呢？小小的乌鸦想吃羊，这简直就是个不可能完成的任务。但是乌鸦们自然有它们的办法。它们跟在羊群后面，将羊的粪便衔起飞到空中，寻找狼的行踪，一旦发现了狼，就将羊粪投撒下去。狼闻到新鲜的羊粪味儿，就会一路顺着乌鸦投下的羊粪寻找而来，当狼找到了羊，就会开始一场捕猎。等狼吃饱离去后，那些没吃完的羊肉和内脏还留在原处,一直等待着的乌鸦们就一哄而上饱食一顿羊肉大餐。

就这样,本来没有能力吃到羊肉的乌鸦,借助了狼的力量,却可以大快朵颐了。不可能完成的任务也就实现了。

听完这个故事,吴桐起初有些发愣,随后灵光一闪,拍手叫好。大家下一步的思路一致了,到北京去找一家实力雄厚的公司,介绍他们和那家超市签约连锁,而吴桐他们从中不提取一分钱的利润,但是作为提供信息的交换条件,那套计算机管理系统的安装和调试必须由他们一手完成。

一星期后,在吴桐的牵线下,北京一家大公司派来了两个签约代表。当吴桐又出现在超市老总面前时,他惊诧莫名。吴桐说:"在安装成功前,我们不会离开商场半步,如果出现差错,你立刻把我们送到公安局,说我们是骗子。"事已至此,老总也只好同意。随后的三天三夜,吴桐的团队没出过商场的大门,因为他们知道,目前他们要猎的"羊"不是金钱,而是信誉。

调试的结果,一切正常,商家满意。如今,这座城市一半商场的计算机管理系统都是吴桐的公司安装的,他们的业务还拓展到了别的省份,这一切源于那一次成功的"猎羊"行动。

很多事情,我们看似无法做到,但只要你肯开动脑筋,为自己寻找一个借力点,事情就会变得大不一样。

瞧,乌鸦不是也可以猎到羊吗?做人不要怕起点低,不要怕"势单力薄",只要我们勤于思考,善于变通,就可以成功地达到自己的目的。

只要有眼光，废物也能变为宝

生活中被人视为垃圾的事物很多，但如果你有一种与众不同的思路，就可以变废为宝。

一位犹太人的父亲问儿子："1磅铜可以卖多少钱？"儿子回答说："4美元！"父亲摇了摇头："对于犹太人来说，1磅铜不应该只值4美元。把它做成门把手，我们可以获得40美元，做成钥匙可以卖到400美元！我的孩子，你要记住，只要你有眼光，那么废物也可以变成宝物！"这个孩子牢牢记住了父亲的话。

若干年后，这个孩子成为了曼哈顿的一名商人，而且是一名非常出色的商人。有一年，自由女神像被拆除了，铜块、木头堆满了整个广场，谁来处理这些垃圾呢？市政厅非常头痛，犹太商人听说这件事后，主动请求处理这些东西。当地商人都在暗地里笑他：这么一堆垃圾有什么用呢？何况美国要求垃圾必须分类处理，一不小心就有可能触犯市规，这个傻瓜简直是自讨苦吃！

但几周后，这群商人从幸灾乐祸变成了妒恨交加。那么犹太商人究竟做了什么呢？他把铜块收集起来铸成了一个个微型自由女神像，再用木块镶了底座，把它们当成纪念品出售，一个星期就被抢购一空。就连广场上的尘土都没有浪费，商人把它们装进一个个小袋子里，当作花盆土卖进花市，总而言之，这堆一文钱没花就得来的垃圾让商人大赚了一笔。傍晚商人给在外地疗养的父亲打了个电话："爸爸，还记得您以前告诉我1磅铜可以卖到400美元吗？""是的，我的孩子，怎么了？""爸爸，我把1磅铜卖到了4000美元！"

沾满尘土的碎铜和木头，在大多数人看来就是垃圾，或许那些铜可以卖废品，但那些尘土和木头收拾起来很费劲，看来这实在是一笔赔本的生意。当众多商人都认为这是一堆废物和负担时，犹太商人却用自己非同寻常的眼光发现了其中的商机，这位商人的非凡之处，不在于他物尽其用的功力，而在于发现机会和可能性的眼光。这种眼光不是随便就能拥有的，它必然要以一种与众不同的思路做指导，而更深层次的来源则应是一种独特的做人智慧。

有头脑的人，会从人们视为废物的东西和危险领域的地方发现机会创造价值。从理论上来说，化腐朽为神奇从来都是费力费神却成功率不高的事。然而在实际生活中，环境却为这些有勇气、有眼光的人提供了丰厚的回报。也许人们会认为，他们得到回报完全是由于一种不经意的灵机一动，是一种偶然的幸运。可是，这种不经意的灵机一动中究竟蕴藏了怎样的聪明和智慧呢？盲目随大流、长时间形成的思维习惯和心理定式束缚着人们的大脑。因此，能够换一种思路，不随大流去做事，无论如何都是难能可贵的。我们倡导换一种思路，就是要解除尽可能多的人的束缚，以期有更多的"灵机一动"。

把退路斩断，便会出现新的出路

"狡兔三窟"这个故事让很多聪明人领悟到，凡事应该给自己留下一条甚至多条退路。无可否认，这是一种生存的智慧，但很多人把这种智慧曲解了。哲人的原意是，做人该有退有进，留下后路更是为了以退为进。然而多数人，退路是留下了，却从不知退一步进两步，结果越走越低。

那么，出路在哪里？很多时候，不是前方没有出路，而是我们在苦苦寻觅之时，暂时被迷雾遮了眼，前方似乎一片渺茫。转身一看自己留下的退路，我们动摇了！于是心里有个声音说："退一步吧！"这个声音在不停诱惑着我们。这时，我们有两种选择：一是退回去，重复平庸；二是斩断退路，寻找生命的激越。很遗憾，很多人选择了第一条路。

从这个情况上来说，有时候我们还真应该把自己的退路斩断，当我们难以驾驭自己的惰性和欲望，不能专心前行之时，不妨给自己一片悬崖，让自己无路可退，逼着自己全力以赴地寻找出路，走向成功。

有一个年轻人大学毕业后开始求职，但由于他所学的专业实在太冷，半年过去了，仍未找到工作。他的老家是一个偏远山区，为了供他上大学，家里已经拿出了全部的钱，所以即使再没有钱，他也不好意思再跟家里伸手了。

2000年6月的一天，他终于身无分文了，在那个阳光和煦的午后，年轻人在大街上漫无目的地走着，路过一家大酒楼时，他停住了。他已经记不清有多久不曾吃过一顿有酒有菜的饱饭了。酒楼里那光亮整洁的餐桌，美味可口的佳肴，还有服务小姐温和礼貌的问候，令他无限向往。他的心中忽然升起一股不顾一切的勇气，于是便推开门走了进去，选一张靠窗的桌子坐下，然后从容地点菜。他简单地要了一份烧茄子和一份扬州炒饭，想了想，又要了一瓶啤酒。吃过饭后，又将剩下的酒一饮而尽，他借酒壮胆，努力做出镇定的样子对服务员说："麻烦你请经理出来一下，我有事找他谈。"

经理很快出来了，是个40多岁的中年人。年轻人开口便问："你们要雇人吗？我来打工行不行？"经理听后显然愣了："怎么想到这里来打工呢？"他恳切地回答："我刚才吃得很饱，我希望每天都能吃饱。我已经没有一分钱了，如果你不雇我，我就没办法还你的饭钱了。如果你可以让我来这里打工，那就有机会从我的工资中扣除今天的饭钱。"

酒楼经理忍不住笑了，向服务员要来他的点菜单看了看说："你并不贪心，看来真的只是为了吃饱饭。这样吧，你先写个简历给我，看看可以给你安排个什么工作。"

此后这个年轻人开始了在这家酒店的打工生涯，历尽磨难，他从办公室文秘做到西餐部经理又做到酒店副总经理。再后来，他集资开起了自己的酒店。

给自己一片没有退路的悬崖，并不是说有事没事非要把自己逼到一个什么样的境地，而是在你生活困顿不前却又犹豫不决的时候，给自己一种"置之死地而后生"的勇气和魄力，从某种意义上说，这也是给自己一个向生命高地冲锋的机会，给自己一张出类拔萃的入场券。显然，很多人是不明白这个简单的道理的。他们目前的生活已经没有多少前进的余地，却不想着如何突破，而是给自己设计了很多的退路，在这些退路里，他们心甘情愿让自己的生命发霉、腐烂。他们的生活中没有悬崖的威胁，但也永远没有前进的坦途，没有生命的鲜活。他们也许拥有堪称高寿的生命数量，却无法拥有留之久远的生命质量。

第五篇
全力以赴,哪怕只走一小步,也是向前

这个世界每天都在流转、变化、进步,如果你今天不走快点,那么明天可能就要用跑,后天也许就看不清前进的方向了。现在,你不必去考虑梦想何时才能实现,只要认准了,努力向前跑就是了。梦想有时候很近,有时候很远,但只要脚步不停,总有抵达的一天。

别说如果，人生看的是结果

人生中最可悲的一句话就是：我当时真应该那么做，但我没有那么做。很多人的想法颇多，但大多就只是空想，结果一事无成。成功这条路上，你驻足不前，几年的时间转眼即逝，时光永远不会为你停留。

有个人，偶然的机会捡到一只鸡蛋，回家高兴地跟老婆筹划：要将蛋孵出小鸡，小鸡若是雌的长大后就会生蛋，这样一年后就会有300只蛋，300只蛋又能孵出300只鸡，这样鸡生蛋、蛋孵鸡，再过几年就可以用卖鸡卖蛋所赚来的钱，去买十头牛——当然是母牛了，母牛生牛犊、牛犊长大再生小牛……这下就会发财了，他想到这里高兴至极，居然还说要用这笔钱讨个小老婆，谁料老婆一气之下，一巴掌把那鸡蛋给打碎了。

任何梦想，若只想，则易灭！想象着天上掉馅饼无疑是可笑的。有些人总是考虑他的那些"假若如何如何"，所以总是因故拖延，总是没有行动起来。总是谈论自己"可能已经办成什么事情"的人，不是进取者，也不是成功者，只是空谈家。

这个世界总是为那些有目的的人准备着路径的。如果一个人有目标、有对象，晓得他自己是向着何处前进，那么，他就比那些游荡不定、不知所从的人来得更有成就。

某广告公司招聘设计主管，薪水非常优厚，求职者甚众。几经考核，10位优秀者脱颖而出，汇聚到了总经理办公室，进行最后一轮角逐。

老总指着办公室里两个并排放置的高大铁柜，为应聘者出了考题：请回去设计一个最佳方案，不搬动外边的铁柜，不借助外援，一个普通的员工如何把里面那个铁柜搬出办公室。

望着据说每个起码能有500多斤的铁柜，10位精于广告设计的应聘者先是面面相觑，思考着为什么出此怪题，再看老总那一脸的认真，他们开始仔细地打量那个纹丝不动的铁柜。毫无疑问，这是一道非常棘手的难题。

3天后，9位应聘者交上了自己绞尽脑汁的设计方案：杠杆，滑轮，分割……但老总对这些似乎很可行的设计方案根本不在意，只随手翻翻，便放到了一边。这时，最后一位应聘者两手空空地进来了，她是一个看似很弱小的女孩，只见她径直走到里面那个铁柜跟前，轻轻一拽柜门上的拉手，那个铁柜竟被拉了出来——原来那个柜子是超轻化工材料做的，只是外面喷涂了一层与其他铁柜一模一样的铁漆，其重量不过几十斤，她很轻松地就将其搬出了办公室。

这时，老总微笑着对众人说："大家看到了，这位未来的员工设计的方案才是最佳的——她懂得再好的设计，最后都要落实到行动上。"

很多人在风华已过时不无懊恼——"如果当年我怎样怎样，早就飞黄腾达了！"的确，一个伟大的目标胎死腹中，令人叹息不已，永远无法释怀，然而，这又怪得了谁？人格与尊严是自己干出来的，空想只会通向平庸，而绝不是成功。

所以，若想做成一件事，就要先入局。在实践中充实自己、展现自己的才能，将该做的事情做好，证明自身的价值，如此你才能得到别人的认可。

现在回忆一下，几年前你是不是就在想，几年后的自己会是什么样子、过什么样的生活、住什么样的房子、开什么样的车子、娶什么样的女子……然而几年后的今天，扪心自问，当初你对自己所作的承诺兑现了几项？你为自己的设想付出足够的行动了吗？假如没有的话，请再想一想，几年后，你又会是什么样子？

钻石或许就藏在你家后院

如果上天突然赐予你财富，你的生活会变得怎样？这样的美梦应该每个人都做过，但为什么我们要把富有寄托于美梦呢？难道财富对于普通人而言就那么遥不可及吗？美国演说家鲁塞·康维尔的著名演讲"钻石就在你家后院"，向我们揭示了获得财富的秘密。

有个叫阿里·哈法德的人住在离印度河不远的地方，他的名下有大片的兰花花园、稻谷良田和繁盛的园林，称得上富有，但并不是大富大贵。有一天，一位僧人前来拜访他，坐在阿里·哈法德的火炉边，僧人开始向他讲述钻石是如何形成的。最后，这位僧人说：

第五篇　全力以赴，哪怕只走一小步，也是向前

"如果一个人两手握满钻石，他就可以买下整个国家的土地。要是他拥有一座钻石矿，他就可以利用这笔巨额财富，把孩子送至王位。"

阿里·哈法德兴奋不已，询问那位僧人在什么地方可以找到钻石。

"只要你能在高山之间找到一条河流，而这条河流是流淌在白沙之上的，那么，你就可以在白沙中找到钻石。"僧人说。

阿里·哈法德在钻石的诱惑之下，放弃肥沃的土地，然后就外出寻找钻石了。

他先是前往月亮山区寻找，然后来到巴勒斯坦地区，接着又辗转到欧洲，最后，他卖掉土地换来的钱全部花光了，身上的衣服又脏又破。在寻宝的最后一站，这位历经沧桑、痛苦万分的可怜人站在西班牙巴塞罗那海湾的岸边，带着被那位僧人激起的得到庞大财富的欲望，跳入了巨浪之中。

一转眼过了几十年，有一天，买哈法德土地的人牵着他的骆驼到花园里饮水时，突然发现，在那浅浅的溪底白沙中闪烁着一道炫目的光芒，他伸手下去，摸起了一块黑石头，石头上有一处闪亮的地方，发出彩虹般的美丽色彩。他把这块怪异的石头拿进屋里，放在壁炉的架子上，然后继续去忙他的工作，事实上，一会儿工夫他就把这件事给忘了。

几天后，那位曾经告诉哈法德钻石是如何形成的僧人又来到了这里。当看到架子上的石头所发出的光芒时，立即奔上前去，惊奇地叫道："这是一颗钻石！这是一颗钻石！阿里·哈法德已经回来了吗？"

"还没有，那块石头是在我家的后花园里发现的。"

他们一起奔向花园，用手捧起河底的白沙，发现了许多比第一颗更漂亮、更有价值的钻石。

这就是印度"戈尔康达钻石矿"被发现的经过。"戈尔康达钻石矿"是人类历史上最大的钻石矿，其价值远远超过南非的金百利。英国女王皇冠上的库伊努尔大钻石以及镶在俄国国王皇冠上的那颗世界上最大的钻石，都取自那处钻石矿。

这是鲁塞·康维尔的著名演讲"钻石就在你家后院"的开篇故事，在抛弃其纯粹的偶然性和传奇色彩后，我们仍然会被故事背后的深刻寓意所惊醒和震撼。它告诉我们，众人渴求的钻石不在偏僻的山巅，也不在未知的海底；只要你善于发现，钻石就在你家后院。

或许，在我们家的后院，地下不会有钻石黄金，但只要有心，一个玩具，一个"垃圾"，都能创造出无尽的财富。当许多人做着大而无当的发财梦时，他们往往忽略了自己的优势，在缥缈的幻想中找不到宝藏的大门。相反，许多富翁都是从最普通的地方发现契机，因为普通的东西和普通大众最息息相关，也最容易被人接受。

人的伟大并不在于其职位的高低，真正意义上的伟大在于小投入大产出，在平凡的职位上成就一番大事业，这才称得上真正的伟大。有时候道理就这么简单，关键是你肯不肯去做了。

想要有所收获，就要主动寻找

其实，世上除了生命我们无法设计以外，没有什么东西是天定的；只要你愿意设计，你就能掌握自己的命运，突破自己的现状。

因为工作原因，菲菲经常要到外地出差，国内的铁路运输状况大家也知道，她经常买不到有座位的车票。可是无论长途短途，无论车上多挤，菲菲总能找到座位。这是怎么回事呢？

这件事说穿了其实很简单：菲菲总是耐心地一节车厢一节车厢找座位。这个办法看上去并不怎么高明，但确实很管用。每次，菲菲都做好了从第一节车厢走到最后一节车厢的准备，每次她都无须走到最后。

这是因为像菲菲这样耐着性子找座位的乘客实在寥寥无几。往往是在她找到座位的车厢里尚余若干余座，而在其他车厢的过道和车厢接头处则拥挤不堪，甚至连卫生间里都站满了人。其实，大多数乘客都是轻易就被一两节车厢人满为患的假象所迷惑了，没有意识到，在一次又一次的停靠之中，火车十几个车门上上下下的流动中蕴藏着不少提供座位的机遇。而这，就算想到了，大多数人也没有那一份找下去的耐心。此时脚下小小的立足之地已经让他们满足了，他们又担心万一找不到座位，回头连个站着舒服一点的地方也没有了。

不愿主动找座位的乘客往往只能一直站到下车,这就像是那些安于现状害怕失败的人一样,永远只停留在生活的混沌阶段。相反,如果你去追求最好的,那你经常会得到最好的。

有了好想法,马上推进它

改变是由不满而来。有开始,便有一种梦想,接着是勇敢地去面对,努力地工作去实现,把现状和梦想中间的鸿沟填平。人长大以后,就应该认清自己现在是什么人,将来想做什么人。给自己设定一个可行又不乏高远的目标,刺激自己把握好人生的每一步,并一步步向着更高的目标推进。

一个叫辛迪的美国家庭主妇,觉得自己的房子太小,住着很不舒服,于是她决定依靠自己的力量,在3年内购买一栋600平方米的房子。对一个家庭主妇来说,这实在是一个不大可能实现的规划。

辛迪决定写一本畅销书,卖到100万本。她把这个点子告诉老公,却换来一顿嘲笑。

辛迪想:别人可以做到的事,我一定也做得到。她不断地告诉自己:我一定会成功,我的书在3年之内一定会卖到100万本,财富会大量涌来，所有的机遇之门都会为我打开。在这样的自我鼓励下，辛迪开始行动。

辛迪觉得自己这本书的市场在于女性。她发现女性的工作压力比较大，或者不被先生了解，她想给她们带来一些快乐，这样她们就会把书介绍给周围的朋友。辛迪觉得她的读者们通常会去超级市场、美容院等地方，所以专门打电话给超级市场的采购员以及美容院的老板。

她很直接地向别人推销自己的书："我是某某作家，我最近出了一本书，一定会成为畅销书。我相信这本书摆在你的超级市场，摆在你的服装店，摆在你的美容院，应该会帮你赚不少的钱。"她说，"我将寄一本样书给你，一个礼拜之后，我会再打电话给你。"

辛迪的厉害之处在于，她从来不问别人："你到底有没有兴趣购买？"而是直接就问："你要订购多少本？"

一个礼拜之后，她打电话问："我是辛迪，你看过我的书没有？你准备订购5000本还是10000本？"

对方说："辛迪，你可能不了解，我们这个超级市场从来没有订过任何一本书超过2500本。"

辛迪说："过去等不等于未来？"

对方说："不等于。"

"所以总有一个开始，你准备订购5000本还是10000本？"

对方说："那……我订4000本好了。"

第一笔生意就这样成交了。

辛迪打电话问第二个人："我是辛迪，你收到我的书没有？你即将订10000本还是20000本？"

对方说："你的书很幽默，我和同事都很欣赏。但我们订书从

来没有订过这么大的量，我订购 4000 本好了。"

辛迪说："你简直在侮辱我，你才订购 4000 本？像你这么大的连锁店你订 4000 本？你不止侮辱我，还在侮辱你自己，难道连你都不相信你的连锁店卖得出去吗？"

对方吓了一跳，问："一般人订购多少本？"

辛迪说："10000 本到 20000 本。"

对方被她说服了："那我订 12000 本！"

之后，辛迪又卖书给军队。

对方告诉辛迪："我们这里的人是不会有兴趣的，我们这里都是男人，你不可能在我们这个地方销售任何书。"

辛迪问："请问你上司是谁？"

"不，我上司也不可能买！"辛迪不要听"No"，她要听的是"Yes"，她说："把这本书交给你上司，我下个礼拜打电话找你上司，我不找你了。"

结果一个礼拜之后，对方打电话来说："辛迪，我的上司说，我们决定订购 4000 本。"因为他的上司是女的，她想："天天被男士兵这样整，我现在弄一本书来整你们。"

不管多少人对你说"No"，都不重要，重要的是找到下一个说"Yes"的人。这是辛迪得到的一个经验。

她的书从来没在任何一家书店卖过，完全是自己一个人在卖。依靠不屈不挠的信念和巧妙的推销手段，辛迪的书卖出了整整 140 万本！之后她又写了好几本书，都很畅销。到这个时候，辛迪要实现的愿望，已经不是买一栋大房子那么简单了。

成功的雏形，其实无非是一个想法，但想法能够决定未来。生活中，很多人不是没有想法，而是缺乏实现的胆量。他们不敢接受改变，与其说是安于现状，不如坦白一点，那是没有勇气面对新环境可能带来的挫折和挑战。这些人最终只会是一事无成！从人生价值的角度看，这样的人生是没有多大意义的。

如果不去尝试，怎么知道不成

即使不成熟的尝试，也胜过胎死腹中的计划。

任何一个有成就的人，都有勇于尝试的经历。尝试也就是探索，没有探索就没有创造，没有创造也就没有成就。

"我的确是残疾，我参加选美，就是站出来告诉每个人，也许我们外表不同，说话方式、行为举止也不尽相同，但我们都能做得很棒。"对于身体上的不完美，凯利从小到大一直都不回避。

小凯利出生时左臂就只有后半截。尽管如此，父母依然对她宠爱有加，凯利也因此养成了活泼乐观的性格。小时候，每当小伙伴问凯利，为什么她的左手只有半截时，凯利总是坦然地开玩笑说："另外半截被鲨鱼咬掉了呀。"从小就习惯被别人注视的她，比一般孩子更加大胆、勇敢，不管是男孩的项目——棒球，抑或是女孩喜欢的跳舞，凯利几乎样样擅长。"我的世界里没有'不行'两个字，没有什么是我不敢尝试的。"在不断尝试的过程中，凯利发现了自己的兴趣和热情所在——舞台。"在舞台上，我能够抬头挺胸、

自信满满地做自己。在这里，我允许别人盯着我看个够。"

凯利以前从未想过自己会登上选美的舞台。"我根本没憧憬过这条路。"虽然如此，当她得知选美比赛的消息时，这位从不拒绝尝试的女孩自然也不会错过。"当时我想，为什么不呢？这样更多的人就能听到我的声音。我觉得我能够做到，也会乐在其中。"2013年2月，凯利开始为选美紧锣密鼓地训练。

4个月中，除了遵守严格的饮食规律外，凯利的训练也非常全面，从穿高跟鞋走路、回答问题，到发型、服饰、拍照姿势，甚至包括笑容的幅度。

凯利的努力没有白费。历时3天的比赛中，凯利的阳光、乐观与机智一次次让评委刮目相看。才艺表演时，她以高亢的嗓音唱出音乐剧《女巫前传》的经典曲目《反抗引力》，全场仿佛听到了她的心声："我要反抗引力腾飞，谁也不能阻止我。我不要再认命，就因为别人都说本应如此。也许有些事我改变不了，但若不去试，我怎么能确定！"

荣膺"爱荷华小姐"之后，凯利迅速被美国CNN、ABC等知名媒体包围，要求采访，都被凯利拒绝。她说："之所以参赛，我是要证明：残疾人和普通人一样，普通人做得到的，残疾人也做得到。"

每一次的成功都是由尝试开始，若不是开始尝试去做某件事，最后也不可能得到一种结果。当然，也许这个结果是痛苦的，也许这个过程折磨的人想要放弃，甚至怀疑自己的能力，但是，只要你还愿意尝试，或许前面那扇成功的门就是虚掩着的。

就算机会渺茫，也要搏一搏

机会只偏爱有准备的头脑。这里的准备包括知识的准备和勇气的准备，在某种意义上说后者更为重要。因为知识和才能就一般人来说并无太大的差别，你毕竟不是天下第一的天才奇才，而不过是一个芸芸众生中的平凡人，因而往往要在工作中，要在长期的实践中才能体现出来，而勇气则是你寻求机遇时必不可少的，就是你才能发挥作用的舞台，甚至是你的才能本身。强不强，首先就看你有没有勇气了。

下面这个女孩的经历很有说服力和代表性：

我现在从事的这个各方面都不错的工作，细细想来，本应是属于另外一个女孩的。

那年，我在连续几次高考落榜的情况下，只好进了一所民办女子中学教书。教学之余，我一直不停地苦苦寻觅，希望能找到一个更适合自己的去处。

然而，由于我刚刚从闭塞的乡村，独自闯进小城，没有亲友，没有"关系"；而报纸上众多的招聘广告，每每也令我这个职业高中毕业生望而却步。当时，同我一起在那所民办女子中学共事的还有一位女孩，是某名牌大学中文系毕业生。她由于在机关工作

得不太顺心，一气之下走了出来，之后又没有合适的去处，后悔得不行，只好屈就做一名临时教书匠。

一次，劳动局人才交流中心的两位工作人员来找她，要她交纳档案代管费（她的个人档案由交流中心代管）。闲谈之间，其中一位向她提到，有一家大公司需要一名办公室主任，让她去试试。但是她却说："没有熟人，这怎么能成呢？"之后，这个话题他们就一带而过了。

而我当时就在苦苦寻觅各种可能的机会，听了他们这番话之后，心里不禁一动："我何不去试试？"

下班之后，我问几个要好的朋友："你们说，这件事到底有没有希望？"

"这事即便有希望，那也只有1%的希望，甚至1‰的希望。"

"1%的希望就等于没有希望。"

我呢，我一个晚上没有说话，朋友们的话不断地在心中烦恼着我。而一个人对于明知没有希望的事，是很难提起劲儿去做的。

可是，真的没有希望吗？真的连一点儿希望都没有吗？！

第二天，我起得很早，天还没亮。人才交流中心那位同志的话，不经意间又响起在我耳边……我忽然觉得自己应该去试试，只当一次演习好了。何况，我心里也觉得希望就是希望，无所谓1%、1‰。

主意一定，我马上找出各种可以证明我能力的东西：发表在报刊上的文章、获奖证书、报社的优秀通讯员证书等。我决定无论成与不成，都应该去试试。

现在，我知道该怎么去做了。我所能够努力的、能够发挥的，是这件事的过程，没有"过程"而去谈"结果"，这无疑是空谈。

第五篇　全力以赴，哪怕只走一小步，也是向前

我很详细地排好了这个"过程"的许多细节：先给公司的总经理写了一封自荐信；两天后，在他收到信的时候，我又打去了电话……

终于，我与公司总经理见面了。他不但亲自接待了我，而且还很详细地看了我带去的资料，问了我的情况，他还说："像你这样自己上门来自荐担任这样重要职位的，没有规定的学历和资历，而且又是个农村青年，这在我们这个小城是不多见的。"

停了一会儿，他又说："我还得与公司其他领导成员商量一下，不过现在基本是可以定下来的，我看你下周一就来上班吧。"

这是真的？这是真的？！

这当然是真的！

如今，我已成为两个驻京机构的负责人，连同我的男朋友一起从西北小城进入了首都，开拓着事业的新天地……

一个本来属于别人的机会，别人不经意地放弃了，而这个女孩却如获至宝地紧握在手中，并努力地将它实现，这是她人生的一大收获，其意义已远远地超出了事件的本身。相信在她以后的人生中，就是再遇到艰难曲折，她也能积蓄起一股神奇的力量，支撑着她一步一步地去实现自己的目标。

在平凡小事中琢磨出不平凡

不屑于平凡小事的人,即使他的理想再壮丽,也只能是一个虚幻的海市蜃楼。想要有所成就,必须脚踏实地,专注于小事。

世间大事无不是由小积累而来的。我们的生活就是由一件件微不足道的小事组成的,但不能因为它小就忽视它。事实上,世界上所有的成功者,他们与我们一样都做着同样简单的小事,唯一的区别就是,他们从不认为正在做的事是简单的小事。

明朝万历年间,中国北方的女真为患。皇帝为了抗御强敌,决心整修万里长城。当时号称"天下第一关"的山海关,早已年久失修。城楼上"天下第一关"的题字,由于年代久远,其中的"一"字已经脱落。于是,万历皇帝募集各地书法名家,希望恢复山海关城楼上题字的本来面貌。各地名士闻讯,纷纷献来墨宝,然而收集上来的"一"字,没有一个能与原来"天下第一关"的题字相称的。于是,皇帝再次下诏,只要能够获选,重金赏赐。经过严格筛选,结果出乎意外,最后中选的竟是山海关旁一家客栈的店小二。

题字当天,小店被挤得水泄不通,早有人备妥了笔墨纸砚,等候店小二前来挥毫。但店小二舍弃狼毫不用,抬头看了看山海关的牌楼，拿起一块抹布往砚台里一蘸，大喝一声"一"，干净利落，一个绝妙的"一"字立刻显现。旁观者无不惊叹。有人问店小二："为何能够如此洒脱地写出'一'字？"店小二有些窘迫地挠挠后脑勺，答道："其实，我也没什么秘诀。只是在这里当了30多年的店小二，每当我擦桌子时，就望着牌楼上的'一'字，一挥一擦，就这样练成了。"

原来店小二的工作地点，正好正对山海关的城门。每当他弯下腰，拿抹布清理桌上的油污时，刚好视角正对准"天下第一关"的"一"字。由此，他天天看、天天擦，数十年如一日，久而久之，熟能生巧、巧而精通，这就是他能够把"一"字临摹得炉火纯青、惟妙惟肖的原因。

再小的事情做到极致也能成就大事。一些在各行各业出类拔萃的人，尽管他们的优点不一而足，成就也各不相同，但他们却都有一个共通的基本特点：专注细节，把小事做到完美。因为看重小事，所以能够投入精力；因为专注细节，所以能够心无旁骛勇往直前，达到专业与精通。

每一件小事都要做到极致

没有一件事情是没有意义的,每一件小事都有自己的意义。

我们每个人所做的工作,都是由一件件小事组成的,因此我们不能忽视工作中的小事。其实,无论大事小事,关键在于你的选择,只要选择对了,你的小事也就成了大事。

美国标准石油公司曾经有一位小职员叫阿基勃特。他在出差住旅馆的时候,总是在自己签名的下方,写上"每桶4美元的标准石油"字样,在书信及收据上也不例外,签了名,就一定写上那几个字。他因此被同事叫作"每桶4美元",而他的真名倒没有人叫了。

公司董事长洛克菲勒知道这件事后说:"竟有如此努力宣扬公司声誉的职员,我要见见他。"于是,洛克菲勒邀请阿基勃特共进晚餐。

后来,洛克菲勒卸任,阿基勃特成了第二任董事长。

也许,在我们大多数人的眼中,阿基勃特签名的时候署上"每桶4美元的标准石油",这是小事一件,甚至有人会嘲笑他。

可是这件小事,阿基勃特却做了,并坚持把这件小事做到了极致。那些嘲笑他的人中,肯定有不少人才华、能力在他之上,可是最后,他却成了董事长。

可见,任何人在取得成就之前,都需要花费很多的时间去努力，不断做好各种小事，才会达到既定的目标。

一个人的成功，有时纯属偶然，可是，谁又敢说，那不是一种必然呢？

恰科是法国银行大王，每当他向年轻人谈论起自己的过去时，他的经历常会唤起听者深深的思索。人们在羡慕他的机遇的同时，也感受到了一个银行家身上散发出来的特质。

还在读书期间，恰科就有志于在银行界谋职。一开始，他就去一家最好的银行求职。一个毛头小伙子的到来，对这家银行的官员来说太不起眼了，恰科的求职接二连三地碰壁。后来，他又去了其他银行，结果也是令人沮丧。但恰科要在银行里谋职的决心一点儿也没受到影响。他一如既往地向银行求职。有一天，恰科再一次来到那家最好的银行，"不知天高地厚"地直接找到了董事长，希望董事长能雇用他。然而，他与董事长一见面，就被拒绝了。对恰科来说，这已是第52次遭到拒绝了。当恰科失魂落魄地走出银行时，看见银行大门前的地面有一根大头针，他弯腰把大头针捡了起来，以免伤人。

回到家里，恰科仰卧在床上，望着天花板直发愣，心想命运为何对他如此不公平，连让他试一试的机会也没给，在沮丧和忧伤中，他睡着了。第二天，恰科又准备出门求职，在关门的一瞬间，他看见信箱里有一封信，拆开一看，恰科欣喜若狂，甚至有些怀疑这是否是在做梦，他手里的那张纸是银行的录用通知。

原来，昨天恰科蹲下身子去捡大头针的情形，被董事长看见了。董事长认为如此精细谨慎的人，很适合当银行职员，所以，改变主意决定雇用他。正因为恰科是一个对一根针也不会粗心大意的人，因此他才得以在法国银行界平步青云，终于有了功成名就的一天。

　　于细处可见不凡，于瞬间可见永恒，于滴水可见太阳，于小草可见春天。上面说的都是一些"举手之劳"的事情，但不一定人人都乐于做这些小事，或者有人偶尔为之却不能持之以恒。可见，"举手之劳"中足以折射出人的崇高与卑微。

　　一个能够成就大业的人，一定具备一种脚踏实地的做事态度及非凡的耐心及韧性。正是他们对小事情的处理方式，为他们成就大业打下了一个良好的基础。因此古人说"勿以事小而不为"，做好小事同样可以成就大业。

每一条信息都别轻易放过

　　人们常说机会难寻，但是当身边的人不经意间抓住机会获得成功之后，他们就会懊悔说："当初我也听到这个信息了，但是我怎么就没想到这是个机遇呢？"其实机遇就是隐藏在各种各样庞杂的信息之中，只有真正善于倾听、嗅觉敏锐的人才能够抓住机遇并给予合理利用。

　　金娜娇是京都龙衣凤裙集团公司总经理，这个集团下辖9个实力雄厚的企业，总资产已超过亿元。她之前曾经遁入空门，涉足商界后成就了一段传奇人生。也许正是这种独特的经历，才使她能从中国传统古典中寻找到契机；又是她那种"打破砂锅"、孜孜追求的精神才使她抓住了一次又一次的人生机遇。

1991年9月，金娜娇代表新街服装集团公司在上海举行了隆重的新闻发布会，其实这本是一个再平常不过的商业活动，但是她在返回南昌的回程列车上，却有了意外的收获。

在和同车厢乘客的闲聊中，金娜娇无意间得知了这样一条信息：清朝末年一位员外的夫人有一身衣裙，分别用白色和天蓝色真丝缝制，白色上衣绣了100条大小不同、形态各异的金龙，长裙上绣了100只色彩绚烂、展翅欲飞的凤凰，被称为"龙衣凤裙"。金娜娇听后欣喜若狂，一打听，得知员外夫人依然健在，那套龙衣凤裙仍珍藏在身边。到处打听并虚心求教后，金娜娇终于得到了员外夫人的详细地址。

对一般人而言，这个意外的消息顶多不过是茶余饭后的谈资罢了，可是金娜娇注意到了其中的机遇。

金娜娇得到这条信息后马上改变返程的主意，马不停蹄地找到那位年近百岁的员外夫人。作为时装专家，当金娜娇看到那套色泽艳丽、精工绣制的龙衣凤裙时，也被惊呆了。她敏锐地感觉到这种款式的服装大有潜力可挖。

于是，金娜娇毫不犹豫地以5万元的高价买下这套稀世罕见的衣裙。机会抓到了一半，把机遇变为现实的关键在于开发出新式服装。

一到厂里，她立即选取上等丝绸面料，聘请苏绣、湘绣工人，在那套龙衣凤裙的款式上融进现代时装的风韵，功夫不负有心人，历时一年，设计试制成了当代的龙衣凤裙。

在广交会的时装展览会上，"龙衣凤裙"一炮打响，国内外客商潮水般涌来订货，订货额高达 1 亿元。

就这样，金娜娇成功了！从中国古典服装开发出现代新型服装，最终把一个"道听途说"的消息变成了一个广阔的市场。

机遇并不总是穿着华彩的衣服，也并不是一个善于外露者，很多时候，机遇就藏在一些小事里，能不能抓住机遇，就看你会不会倾听。其实倾听比滔滔不绝地诉说更为重要，因为别人的信息中可能会传递出有用的信息。不妨多听听你的周围，多关注一下别人的心声，从他人身上汲取更多的东西，久而久之，你就会发现别人的话语是机遇的储存库。

比别人多做点，机会就更多点

率先主动是一种极为珍贵、备受看重的素养，它能使人变得更加敏捷、更加积极。无论你是管理者，还是普通职员；是亿万富豪，还是平头百姓，每天多做一点，你的机会就会更多一点。

每天多做一点，也许会占用你的时间，但是，你的行为会使你赢得良好的声誉，并增加他人对你的需要。

对沃西来说，一生影响最深远的一次职务提升，就是由一件小事情引起的。

一个星期六的下午，有位律师走进来问他，哪儿能找到一位速记员来帮忙——手头有些工作必须当天完成。

沃西告诉他，公司所有速记员都去观看球赛了，如果晚来5分钟，自己也会走。但沃西同时表示自己愿意留下来帮助他，因为"球赛随时都可以看，但是工作必须在当天完成"。

做完工作后，律师问沃西应该付他多少钱。沃西开玩笑地回答："哦，既然是你的工作，大约800美元吧。如果是别人的工作，我是不会收取任何费用的。"律师笑了笑，向沃西表示谢意。

沃西的回答不过是一个玩笑，并没有真正想得到800美元。但出乎沃西意料，那位律师竟然真的这样做了。6个月之后，在沃西已将此事忘到了九霄云外的时候，律师却找到了他，交给他800美元，并且邀请沃西到自己的公司工作，薪水比现在高出800多美元。

一个周六的下午，沃西放弃了自己喜欢的球赛，多做了一点事情，最初的动机不过是助人为乐，完全没有金钱上的考虑。但却为自己增加了800美元的现金收入，而且为自己带来一项比以前更重要、收入更高的职务。

每天多做一点，初衷也许并非为了获得报酬，但往往获得得更多。

付出多少，得到多少。也许你的投入无法立刻得到相应的回报，不要气馁，应该一如既往地多付出一点。回报可能会在不经意间，以出人意料的方式出现。最常见的回报是晋升和加薪。除了老板以外，回报也可能来自他人，以一种间接的方式来实现。

做一点分外工作其实也是一个学习的机会，多学会一种技能，多熟悉一种业务，对你是有利无害的。同时这样做又能引起别人对你的关注，何乐而不为呢？

每天走一小步，也是向前

当我们被生活中的小事包围以后，常因此迷失，感觉彼时的梦想越走越远，风霜的磨砺和肩上的重担让我们不知所措，我们常不知道接下来该怎么办。

那么这个故事一定能够给你以启迪。

有一只新组装好的小钟被放在了两只旧钟当中。两只旧钟"嘀嗒"、"嘀嗒"一分一秒地走着。

其中一只旧钟对小钟说："来吧，你也该工作了。可是我有点担心，你走完三千二百万次后，恐怕便吃不消了。"

"天哪！三千二百万次。"小钟吃惊不已。"要我做这么大的事？办不到，办不到。"

另一只旧钟说："别听它胡说八道。不用害怕，你只要每秒钟嘀嗒摆一下就行了。"

"天下哪有这样简单的事。"小钟将信将疑，"如果这样，我就试试吧。"

小钟很轻松地每秒钟"嘀嗒"摆一下，不知不觉中，一年过去了，它摆了三千二百万次。

每个人都渴望梦想成真，成功却似乎远在天边遥不可及，倦怠和不自信让我们怀疑自己的能力，放弃努力。其实，我们不必想以后的事，一年甚至一月之后的事，只要想着今天我要做些什么，明天我该做些什么，然后努力去完成，就像那只钟一样，每秒"嘀嗒"摆一下，成功的喜悦就会慢慢浸润我们的生命。

相比于一生，一天真的很短，以一年 365 天，一生 75 岁计算，从 18 岁成人算起，除去吃喝拉撒、精力不济等种种因素虚度掉的 10 年，还有近 50 年我们可以用来每天努力为确定的目标付出，如果每天接近目标并成功 1%，大概有近 183 个大目标我们完全可以实现、成功。

我们几乎每天都找借口说自己很忙，一年下来真正做成功的事情并没有多少，想想有多少 1% 被我们所忽略、放弃？！当我们确定一个大目标时，短期内看上去这个目标很遥远、缥缈，但当我们把它分解到年、月、日，分解到时、刻、分、秒，分解到 1%，如果我们每时每刻每天为 1% 付出 99% 的努力，遥远的目标一下子变得清晰、现实起来！

每天成功 1% 只是一个为了大目标而努力的落脚点，而当 1% 逐步上升为 100%，1 变成 10，变成 100、1000、10000，甚至更多时，我们已将成功的桂冠挂在胸前了。

干

别怕流汗水，切莫流泪水

人生是一座可以采掘开拓的金矿，但总是因为人们的勤奋程度不同，给予人们的回报也不相同。

真正的梦想，需要汗水来浇灌。有耕耘才会有收获，有付出才会有好结果。"成事在人"，这是俗语，也是真理。一件事、一项事业，人是最根本的因素。你用什么样的态度来付出，就会有相应的成就回报你。如果以勤付出，回报你的，也必将是丰厚的。

谢明出生在河北省的一个贫困山村，家中兄弟4个，谢明排行老三。家里穷，父亲又得了重病，负债累累，所以谢明初中没毕业就辍学了。当时大哥、二哥已经成家，家庭重担落在17岁的谢明身上，他发誓要改变自己的命运。

开始干的第一个生意是用自行车贩玉米。他蹬着自行车，跑几十公里到外县收购便宜玉米，驮回家乡转卖，一次驮一百多公斤，能挣十几元钱。骑车时他只能用一只手扶着车把，一旦遇上雨天路滑，十分危险，有一次他就连人带车摔到了十几米深的沟里，差点送命。

除了贩玉米，他还去理发店收头发卖钱，但这些都不能让他有一个稳定的收入，就四处寻找机会。他当时有两个爱好：一是有空就看书，学知识；二是经常听收音机，找信息。

1990年，谢明从别人那里听到安徽合肥有个教做豆腐、豆芽的培训班，就想去学。可父母觉得豆腐难卖，家里也拿不出参加培训需要的200多元钱，就坚决反对。可谢明当时下定决心，背着家里找表兄借了点钱，偷偷去了合肥。

一个星期后，谢明学成回家准备开豆腐房，却遭到父亲的强烈反对。父亲把他做豆腐的锅、瓢等工具扔出门外。

开豆腐房需要一些最起码的设备，可不仅他家里没有一点钱，亲戚朋友也都因为他父亲生病被借钱借怕了，不愿再出手帮助。最后，靠着一个朋友的关系，谢明才终于赊了一台小电磨，在家里做起了豆腐。

谢明每天从下午开始忙活到第二天凌晨，一个人能做50多公斤豆腐，然后用扁担挑着豆腐走村串户去卖。瘦弱的肩膀被扁担磨破、结疤，然后再被磨破、再结疤。

寒来暑往，一年四季不管刮风下雨，他几乎没有休息过。豆腐扁担，谢明一挑就是4年，不但帮家里还清了债务，自己也在亲戚朋友面前挺直了腰板。

后来，谢明在妻子的支持下学做面包。学成之后，在县里开了一家面包房，赚了第一桶金。

为了生意的发展，谢明每年都要抽时间到南方大城市学习新技术。2000年，谢明在大城市里看到了开超市的商机，在县城办起了县里的第一家超市。

由于商机抓得准，服务又周到，谢明的超市赢得了空前的成功。在短短4年的时间里，他的超市从本县开到了外县，数量从1个增加到了6个，总面积从不足210平方米到现在的5000多平方米，拥有职员1400多人，资产达1000多万元。

现在，谢明涉足家具家电行业，投资将县城的老电影院改建成为远近最大的家具家电商场，并计划兴建自己的商务大厦。

外国人说："贪睡的狐狸抓不到鸡。"中国人说："早起的鸟儿有虫吃。"这些其实都是告诫我们要勤奋踏实。所有的成功都是用汗水和血浸泡着的，每一个成功者都付出了不菲的代价。

做事，就要把自己做成佼佼者

让别人重视你的最好做法，就是用真本领武装自己。想得到别人的肯定，就要靠自己的实力去实现。

阿迪斯的学习成绩挺好，毕业后却屡次碰壁，一直找不到理想的工作，他觉得自己得不到别人的肯定，为此而伤心绝望。

怀着极度的痛苦，阿迪斯来到大海边，打算就此结束自己的生命。

正当他即将被海水淹没的时候，一位老人救起了他。老人问他为什么要走绝路。

阿迪斯说："我得不到别人和社会的承认，没有人重视我，所以觉得人生没有意义。"

老人从脚下的沙滩上捡起一粒沙子，让阿迪斯看了看，随手扔在了地上。然后对他说："请你把我刚才扔在地上的那粒沙子捡起来。"

"这根本不可能！"阿迪斯低头看了一下说。

老人没有说话，从自己的口袋里掏出一颗晶莹剔透的珍珠，随手扔在了沙滩上，然后对阿迪斯说："你能把这颗珍珠捡起来吗？"

"当然能！"

"那你就应该明白自己的境遇了吧？你要认识到，现在你自己还不是一颗珍珠，所以你不能苛求别人立即承认你。如果要别人承认，那你就要想办法使自己变成一颗珍珠才行。"阿迪斯低头沉思，半响无语。

只有珍珠才能自然且轻松地把自己和普通石头区别开来。你要得到重视，要出人头地，必须要有出类拔萃的资本才行，这样才算找准了让别人重视自己的关键。

许振超曾是青岛港一名普通的桥吊司机，他凭借苦学、苦练、苦钻，练就了一身绝活儿，成为港口里响当当的技术"大拿"，进而成为闻名全国的英雄人物。

许振超的"无声响操作"，偌大的集装箱放入铁做的船上或车中，居然做到了铁碰铁不出响声，这是许振超的一门绝活儿，其实他所以创造了这种操作方法，是因为它可以最大程度地降低集装箱、船舶的磨损，尤其是降低桥吊吊具的故障率，提高工作效率。实践证明，它是最科学也是最合理的。

有一年，青岛港老港区承运了一批经青岛港卸船，由新疆阿拉山口出境的化工剧毒危险品，这个货特别怕碰撞，稍有碰撞就有可能引发恶性事故。当时，铁道部有关领导和船东、货主都赶到了码头。为确保安全，码头、铁路专线都派了武警和消防员。泰然自若的许振超和他的队友们，在关键时刻把绝活儿亮出来了，只用了一个半小时，40个集装箱被悄然无声地从船上卸下，又一声不响地装上火车。面对这轻松如"行云流水"般的作业，紧张了许久的船主、货主们迸发出了欢呼。

许振超是位创新的探索者，他的认识很朴素：我当不了科学家，但可以有一身的绝活儿。这些绝活儿可以使我成为一名能工巧匠，这是时代和港口所需要的。就是凭借着这样一种信念，许振超的"技术口袋"里的绝活儿愈来愈多了。

在企业改制过程中，不少人下岗，其中不乏中专、大专学历者，而许振超以一个初中生的学历，硬是靠关键时刻能打硬仗的绝活儿成为一个大型企业的员工楷模。

所以，要想赢得难得的机会，就必须勤学苦练，培养自己的才能，壮大自己的实力。只有这样才能获得他人的重视和肯定，获得机会的垂青。

把时间花在进步上，而不是虚度

成功者都是在别人荒废的时间里崭露头角的，把时间花在进步上，而不是抱怨上，这就是成功的秘诀。

自从进入 NBA 以来，科比就从未缺少过关注，从一个高中生一夜成为百万富翁，到现在的亿万富翁，他的知名度在不断上升。洛杉矶如此浮华的一座城市对谁都充满了诱惑，但科比却说："我可没有洛杉矶式的生活。"从他宣布跳过大学加盟 NBA 的那一刻他就很清楚，自己面对的挑战是什么。

每天凌晨 4 点，当人们还在睡梦中时，科比就已经起床奔向跑道，他要进行 60 分钟的伸展和跑步练习。9:30 开始的球队集中训练，科比总是最少提前一个小时到达球馆，当然，也正是这样的态度，让科比迅速成长起来。于是，奥尼尔说"从未见过天分这样高，又这样努力的球员"。

十几年弹指一挥间，科比越发得伟大起来，但他从未降低过对自己的要求，挫折、伤病，他从没放弃过。右手伤了就练左手，手指伤了无所谓，脚踝扭到只要能上场就绝不缺赛，背部僵硬，膝盖积水……一次次的伤病造就出来的，只是更强的科比·布莱恩特。于是你看到的永远如你从科比口中听到的一样——"只有我才能使自己停下来，他们不可能打倒我，除非杀了我，而任何不能杀了我的就只会令我更坚强"。

当然，想要成功绝不是说一句励志语那么简单，而相同的话与他同时代的很多人都曾说过，但现在我们发现，有些人黯然收场，有些人晚景凄凉，有些人步履蹒跚，96 黄金一代，能与年轻人一争朝夕的就只剩下了科比。

"在奋斗过程中，我学会了怎样打球，我想那就是作为职业球员的全部，你明白了你不可能每晚都打得很好，但你不停地奋斗会有好事到来的。"这就是科比，那个战神科比。

在很多时候，我们似乎更倾向于一种"天才论"，认为有一种人天生就是做某某的料，所以在某一领域尤为突出的人，时常被我们称为"天才"。譬如科比，你可能认为他就是个篮球天才，的确，这需要一定的天赋，但若真以天赋论，科比不及同时代的麦格雷迪，若以起点论，科比更不及同年的选秀状元艾弗森，为何如今有如此不同的境遇？答案就是对时间的珍惜以及自身的不懈努力。

在我们这个时代，很多人都喜欢抱怨上天不公，抱怨自己怀才不遇，未能人尽其才，甚至因此不思进取、自暴自弃，最终沦为时代的淘汰品。俗话说得好，"三百六十行，行行出状元"，为什么一块普通铁块，在某些铁匠手中能够成为将军手中的利刃，而在另一些铁匠手中，只能成为农夫手中的锄犁？答案很简单，前者精于本业，不断锤炼自己的专业技能，后者不思进取，只求草草谋生。

其实，与其抱怨别人不重视我们，不如反省自己，抓紧时间，不断提高自己的能力。倘若我们能够在自己所处的领域中，以饱满的热情、以一丝不苟的态度、以不断进取的精神，去迎接看似枯燥乏味的事业，就一定能够实现自己的人生价值，一定能够获得荣耀与肯定。

用有限的时间创造更多的价值

时间是有限的，正是这有限的生命才能够赋予生命不同的意义。倘若生命无限存在，反倒失去了原本的价值。充分利用时间，才能使有限的生命创造出更多的价值。

一个人能做更多的事，并不一定是比别人拥有更多的空闲时间，而是比别人使用时间更有效率。成功或是失败，很大程度上取决于你怎样去分配时间，一个人的成就有多大，要看他怎样去利用自己的每一分时间。

A 与 B 同住在乡下，他们的工作就是每天挑水去城里卖，每桶 2 元，每天可卖 30 桶。

一天，A 对 B 说道："现在，我们每天可以挑 30 桶水，还能维持生活，但老了以后呢？不如我们挖一条通向城里的管道，不但以后不用再这样劳累，还能解除后顾之忧。"

B 不同意 A 的建议："如果我们将时间花在挖管道上，那每天就赚不到 60 块钱了。"二人始终未能达成一致。于是，B 每天继续挑 30 桶水，挣他的 60 元钱，而 A 每天只挑 25 桶，用剩余的时间来实现自己的想法。

几年以后，B 仍在挑水，但每天只能挑 25 桶。那么 A 呢？——他已经挖通了自来水管道，每天只要拧开阀门，坐在那里，就可以赚到比以前多出几倍的钱。

其实很多人正和 B 一样。他们在工作中懒懒散散，每天眼巴巴地看着钟表，希望下班时间早点来到，结束这"枯燥""乏味"的工作；回到家中，他们依然如故，除了洗衣、做饭、吃饭、睡觉，以及必要的外出，几乎就等待新的一天到来。他们得过且过，眼中只有那"60 元"钱，不断在时光交替中空耗生命。但他们却丝毫不知，自己正在浪费生命中最珍贵的东西。

现阶段就业空间有限，各行业、各领域人才济济，高学历、高能力者比比皆是。每一个人，包括那些自主创业者，都将面临最残酷的竞争考验。这种形势下，公司不再是你生活品质的保障，更无法保证你的未来，难道我们就坐以待毙吗？换言之，既然是我们的未来，为什么要把它交托给别人？为什么不把时间合理利用起来，让自己随着时间的推移，变得越来越强大？

很显然，我们需要有效地应用时间这种资源，以便我们有效地取得个人的重要目标。需要注意的是，时间管理本身永远也不应该成为一个目标，它只是一个短期内使用的工具。不过一旦形成习惯，它就会永远帮助你。

高能高效，打造个人竞争优势

美国有一个农庄，经过统计报告发现其农作物的产出值达平均上限的二倍，这是令人难以置信的。有一位效率专家想去研究高效率的原因，他千里迢迢来到这个农庄，看到一户农家，就推门而入，发现有一位农妇，正在工作，她怎么工作呢？二只手打毛线，一只脚正推动着摇篮，摇篮里睡着一位刚出生不久的婴儿，另外一只脚推动一个链条带动的搅拌器，嘴里哼着催眠曲，炉子上烧着有汽笛的水壶，耳朵注意听水有没有烧开。但是效率专家觉得很奇怪，为什么每隔一会儿，她就站起来，再重重地坐下去，这样一直地重复？效率专家再仔细一看，才发现这位农妇的坐垫，竟是一大袋必须重复压，才会好吃的奶酪。因此效率专家说不必查了，他已经知道高效率的原因了。

　　面对堆积如山的事情，你可能感到心烦意乱，情绪紧张，就算与朋友一起喝酒聊天，也难以开怀大笑。你可能埋怨说："我的办事能力太差，事情总是做不完，反而越来越多。"实际上每个人的办事能力都差不多，关键在于怎样处理事情。

　　有的人奋斗一生却一生潦倒，有人看似优哉却取得了让人羡慕的成绩，前一种人很努力却也很悲哀，因为他们不懂得效率比傻干更重要的道理。我们不仅要坚持不懈地努力，更要懂得怎样去努力才能达到最高的效率。

　　《世界主义者》月刊的主编海伦·格利·布朗总是在办公桌上放一本自己办的杂志。每当她受到什么事情引诱而消磨时间、做一些与杂志成功无关的事情时，看看那本杂志，她的注意力就会回到正事上来。安排事情先后顺序的一个方法是把要做的事情列成单子。每天晚上，把第二天要做的前20项工作简要地写下来，并在这一天当中，反复看几遍这个单子。完成单子上的各项任务的最好方法是给每项工作留出一个专门的时间。大多数想获得成功的人都利用空余的时间来写表示感谢、慰问和祝贺的私人信函。但是，如果所要写的是日常工作的备忘录、公函、资料汇总和表格的话，他们就会依靠以前写过的文字资料来节省大量时间。

　　金融家富卡通过电话集中做生意，发了大财。他最重要的策略是在打电话之前把要说的话写下来。为了避免打电话时找不到人而捉迷藏，要及时给别人回电话，因为你很容易找到打电话的人，这样你的留言就不会堆积起来。如果那个人此时正忙，许多善于运用时间的人就会约个时间再回电话。在有些人的录音电话中留下详细的口信，可以使你免受长时间谈话之累，还会使你更快地得到答复。

高效是一种良好的习惯。只有高效才能打造一个人的竞争优势，提升核心竞争力。

永远不要让自己落在别人后面

每一天早上，非洲的大草原上，从睡梦中醒来的羚羊都会告诉自己："赶快跑！"因为如果跑慢了，就很有可能被狮子吃掉！每一只从梦中醒来的狮子也会告诉自己："赶快跑！"因为如果慢了，就很有可能会饿死！这就是生存的法则。

人生的道路上你同样不能停步，因为你停步不前，但有人却在拼命赶路。也许此时你站在这里，他还在你的后面，但当你再一回望时，可能就看不到他的身影了，因为，他已经跑到了你的前面，现在反过来需要你去追赶他了。所以，想保住自己的生存地位，你不能停步，你要不断向前，最好不断超越。

霍华德就职于华盛顿的一家金融公司，做他最擅长的人事工作。不久前，他的公司被一家德国公司兼并了。在兼并合同签订的当天，公司的新总裁宣布："我们愿意留下这里的老员工，因为你们拥有娴熟的工作技术，你们都曾为这家公司做过贡献，但如果你的德语太差，导致无法和其他员工交流，那么，不管是职位多高的人，我们都不得不遗憾地请你离开。这个周末，我们将进行一次德语考试，只有合格的人才能继续在这里工作。"

下班后，几乎所有人都停止了娱乐活动，他们必须要抓紧时间补习德语了。而霍华德却像往常一样出去休闲了，看来，霍华德已经放弃了这份工作。"这个不求上进的家伙！"同事们如是说道。

然而，令所有人意想不到的是，考试结果出来以后，这个在大家眼中没有希望的人却考了全场最高分。原来，霍华德早在初进公司时就发现，这家公司与德国人有很多的业务往来，不懂德语会使自己的工作受到很大的限制，所以，他从那时起就开始利用一切可以利用的时间学习德语了。最终学有所获。而他的很多同事，工作能力并不差，却只能遗憾地离开了。

如果你每天落后别人半步，一年后就是一百八十三步。那么就算你甩断膀子、跑断腿，你也决然不会赶上人家。竞争的实质，就是在最快的时间内做最好的东西，人生最大的成功，就是在有限的时间内创造无限的价值。最快的冠军只有一个，任何领先，都是时间的领先！有时我们慢，不是因为我们不快，而是因为对手更快，那么你就必须让自己更加紧迫起来。

第六篇
收拾一地的碎片，重新再来

无论灾难或是幸福，无论失败或是成功，都是通过你，也只能通过你来完成。每一个渴望在未来的日子里享受成果的人，都必须首先把握自己、战胜自己。很多人不断向生活的苦难深渊掉落，根本不是因为来自外部的力量超过了人的承受能力，而仅仅是因为他们无法跨越那最大的障碍——自己。

奔驰的前方，总会有障碍

人生路上，无论你选哪一条路走，都会有一些障碍，有些人活着就是为了跨越这些障碍，我们说，他们一直在拼搏；有些人在障碍面前迈不动步子，我们说，他们在苟活。其实，障碍并不可怕，可怕的是失去了方向，只要方向还在并一直朝着这个方向努力奔跑，你的人生就值得回味。其实，生命本身是无意义的，是人赋予了它内容以后才变得多姿多彩。

他从小就喜欢音乐，18岁之前，他的音乐梦一直美妙地延续着。天资不俗的他打小就在省市级歌舞比赛中频频拔得头筹。初中毕业后，他以全省第一的成绩进入艺术职业学院，开始进行专业学习。他的音乐前景被广为看好，他对自己也信心十足，结果却在18岁那年遭遇了人生中的第一次重大打击。那一年，他参加"快乐男生"广州赛区选拔赛，刚进50强就被淘汰了下来。

一个分赛区都进不了前列？——他不禁怀疑起自己的能力，于是越发彷徨。他常常独自行走街头，毫无头绪地随波逐流，他不知道何处通往光明。

那天，他埋头走进了一个巷子，窄巷里塞满了车，七辆满载的卡车依次停靠在路中央，一动也不能动。他走过去的时候，发现有一辆高配奔驰夹杂在其中，驾车的中年男子此时已下车，正在细心地擦拭着爱车。

他转了一圈，又回到巷子，奔驰依然被堵在那里，丝毫未动，而中年人也在乐此不疲地擦着车。他想了想，走上前去，友善地问："您开这么好的车被堵了，心里不烦吗？"中年人摇摇头，认真地说："我要赶远路，正好可以趁着这个空闲打理一下车。"然后，他指了指不远处的岔道说："在那里，我就会超过它们，有什么可烦的？"中年人见他没有走的意思，又和他说起自己的无数次堵车经历，据说他曾在福厦公路上整整堵了7小时，在那段时间，他静静地想了一些生意上的事，居然想出了两个好点子，给自己带来了不少收益。

"每一条路都有堵车的时候，不是说你开着奔驰就一定要一路畅通，有时它被大卡堵在路上，也是难得的休整机会呀。"中年人意味深长地说。他一愣，猛然明白，换个角度看问题，坏事也未尝不是好事。

他回想着自己的往事，从少年成名到惨遭淘汰，不正像驾着豪车出门，却被大卡堵住了去路吗？为何不能豁达一点，像面前这位中年人一样，抓住机会做好保养，争取在下一个路口超越呢？他告别中年人，走出了窄巷，也走出了自己心中的阴影。

毕业以后，他依然放弃了在家乡安稳工作的机会，他说："给我3年的时间，我要去实现自己的梦想，开创一片属于自己的舞台。"他孑然一身来到深圳，然后又辗转去了广州，在跑场子维持生活的同时，更加刻苦地学习歌唱技术。那一年，他再度报名参赛"快乐男生"，凭借精湛的唱功、帅气的外形，他一路过关斩将，最终问鼎冠军。

每一个有梦想的人,都可以成为高速行驶的奔驰。只是,再昂贵的奔驰也避免不了被其他车辆阻拦。在你的前途遭遇"堵车"状况时,请不要烦躁,保持你的理智,切不可感情用事轻易放弃。你最好的反应应该是,利用这段"停下来"或"慢下来"的机会,认清梦想与现实存在的差距,然后逐渐去拉近这个距离,并在下一个路口实现顺利超车。

你不允许,没有什么可以击倒你

伟大高贵人物最明显的标识,就是他坚定的意志,不管环境变化到何种地步,他的初衷与希望,仍然不会有丝毫的改变,而终至克服障碍,以达到所企望的目的。跌倒了再站起来,在失败中求胜利。这是那些成功者的成功秘诀。

有人问一个孩子,你是怎样学会溜冰的?那孩子回答道:"哦,跌倒了爬起来,爬起来再跌倒,就学会了。"使得个人成功,使得军队胜利的,实际上就是这样的一种精神。跌倒不算失败,跌倒了站不起来,才是失败。

拳击赛场上,拳击手在倒地的一瞬间,满目都是观众的嘲笑,满心都是失败的耻辱,他趴在那里,头晕眼花,根本不想再动弹。

裁判不停地数着 1、2、3、4……但是，倘若还有一丝力气，不等裁判数完，他一定会站起来，拍拍身上的灰尘，振作疲惫的精神，重新投入到战斗之中。这是拳击运动员的职业精神，没有这种精神，实力再强悍，也成不了合格的运动员。

其实，人生有时真的就像一场拳击赛。在人生的赛场上，当我们被突如其来的"灾难"击倒之时，有些灰心、有些丧气也实属正常，我们或许也躺在那里一度不想动弹，是的，我们需要时间恢复神智和心力。但只要恢复了，哪怕是稍稍恢复了，我们就应该爬起来，即便有可能再次被击倒，也要义无反顾地爬起来，纵然会被击倒 100 次，也要爬起来。因为不爬起来，我们就永远输了；再爬起来，就还有转败为胜的希望。

玛格丽特·米契尔是世界著名作家，她的名著《乱世佳人》享誉世界。但是，这位写出旷世之作的女作家的创作生涯并非像我们想象的那样平坦，相反，她的创作生涯可以说是坎坷曲折。玛格丽特·米契尔靠写作为生，没有其他任何收入，生活十分艰辛。最初，出版社根本不愿为她出版书稿，为此，她在很长一段时间里不得不为了生活而操心忧虑。但是，玛格丽特·米契尔并没有退缩。她说："尽管那个时期我很苦闷，也曾想过放弃，但是，我时常对自己说：'为什么他们不出版我的作品呢？一定是我的作品不好，所以我一定要写出更好的作品'。"

经过多年的努力，《乱世佳人》问世了，玛格丽特·米契尔为此热泪盈眶。她在接受记者采访时说："在出版《乱世佳人》之前，我曾收到各个出版社一千多封退稿信，但是，我并不气馁。退稿信的意义不在于说我的作品无法出版，而是说明我的作品还不够好，这是叫我提高能力的信号。所以，我比以前任何时候都努力，终于写出了《乱世佳人》。"

　　人其实不怕跌倒，就怕一跌不起，这也是成功者与失败者的区别所在。在这个世界上，最不值得同情的人就是被失败打垮的人，一个否定自己的人又有什么资格要求别人去肯定？自我放弃的人是这个世界上最可怜的人，因为他们的内心一直被自轻自贱的毒蛇噬咬，不仅丢失了心灵的新鲜血液，而且丧失了拼搏的勇气，更可悲的是，他们的心中已经被注入了厌世和绝望的毒液，乃至原本健康的心灵逐渐枯萎……

抖掉身上的泥土才不会被埋葬

　　没人喜欢危机，但危机无处不在。人在成长过程中难免遇到各种风浪、起伏与挫折，在各种各样内外部因素的交错之下，危机的种子就此发芽、生长。

　　面对危机，不要怨天怨地，不要试图躲避，即使一不留神你就快要破产；哪怕一不留心家庭破碎了；纵使一不理性悲剧发生了……我们的生活还得继续，人生原本就是这样，要爬过一座座山，迈过一道道的坎儿，拐过一道道弯，假如我们的心没有了能量，翻不过山、迈不过坎儿、转不过弯，那么就会陷入危机挖出人生的枯井，再也跳不出来。

那是你精神上的枯井，没有人能够帮你。

有一头倔强的驴，有一天，这头驴一不小心掉进一口枯井里，无论如何也爬不上来。他的主人很着急，用尽各种方法去救它，可是都失败了。十多个小时过去了，他的主人束手无策，驴则在井里痛苦地哀号着。最后，主人决定放弃救援。

不过驴主人觉得这口井得填起来，以免日后再有其他动物甚至是人发生类似危险。于是，他请来左邻右舍，让大家帮忙把井中的驴埋了，也正好可以解除驴的痛苦。于是大家开始动手将泥土铲进枯井中。这头驴似乎意识到了接下来要发生的事情，它开始大声悲鸣，不过，很快地，它就平静了下来。驴主人听不到声音，感觉很奇怪，他探头向下看去，井中的情形把他和他的老伙伴都惊呆了——那头驴正将落在它身上的泥土抖落一旁，然后站到泥土上面升高自己。就这样，填坑运动继续进行着，泥土越堆越高，这头驴很快升到了井口，只见它用力一跳，就落到了地面上。

如果你陷入精神的枯井中，就会有各种各样的"泥土"倾倒在你身上，假如你不能将它们抖落并踩在脚底，你将面临着被活埋的境地。不要在危机中哀号，如果你还想绝处逢生，就要想方设法让自己从"枯井"中升上来，让那些倒在我们身上的泥土成为成功的垫脚石。

危机，并不意味着绝境，更何况还能"置之死地而后生"。是生是死，一切都取决于我们自己，如果能直面人生的惨淡，敢于正视鲜血的淋漓，追求理想一往无前，所有的一切都不过是一场挫折游戏。

不要习惯性地将自己的不幸归责于外界因素，不管外部的环境如何，怎么活——那还是取决于你自己。不要总反复地问自己那个无聊的问题："怎么会，为什么……"这样的自怨自艾就是在给自己的伤口撒盐，它非但帮不了你，反而会让自己觉得命运非常悲惨，那种沉浸在痛苦中的自我怜悯，对你没有任何好处。

人不能陷在危机的枯井中无法自拔，哪怕就只剩一成跳出去的可能，我们也要奋力一跃。记住，危机杀不了你，能让人半死不活的，只有你的心。

在厄运中达观明智便可战胜命运

逆境来时勇敢地尝试改变它，你可能创造历史；不敢改变，你就可能成为历史。

当一个人镇定地承受着一个又一个重大不幸时，他灵魂的美就闪耀出来。

米契尔遭受了两次常人难以忍受的灾难。

第一次意外事故，他身上65%以上的皮肤都烧坏了，此时的他面目可怖，手脚变成了不分瓣的肉球，为此他动了16次手术。手术后，他无法拿叉子，无法拨电话，也无法一个人上厕所，但曾是海军陆战队队员的米契尔从不认为他被打败了。面对镜子中难以辨认的自己，他想到某位哲人曾经说："相信你能你就能！""问题不是发生了什么，而是你如何面对它。"他说："我完全可以掌握我自己的人生之船，我可以选择把目前的状况看成是倒退或是一个起点。"

他很快从痛苦中解脱出来，几经努力、奋斗，变成了一个成功的百万富翁。米契尔为自己在科罗拉多州买了一幢维多利亚式的房子，另外还买了房产、一架飞机及一家酒吧。后来，他和两个朋友合资开了一家公司，专门生产以木材为燃料的炉子，这家公司后来成为佛蒙特州第二大的私人公司。

意外事故发生后4年，他不顾别人的苦苦规劝，坚持要用肉球似的双手学习驾驶飞机。结果，他在助手的陪同下升上了天空后，飞机突然发生故障，摔了下来。当人们找到米契尔时，发现他的脊椎骨粉碎性骨折，他将面临的是终身瘫痪。家人、朋友悲伤至极，他却说："我无法逃避现实，就必须乐观接受现实，这其中肯定隐藏着好的事情。我身体不能行动，但我的大脑是健全的，我还有可以帮助别人的一张嘴。"他用自己的智慧，用自己的幽默去讲述能鼓励病友战胜疾病的故事。他到哪里笑声就荡漾在哪里。

在厄运的重创下，米契尔仍不屈不挠，日夜努力使自己能达到最高限度的独立。他被选为科罗拉多州孤峰顶镇的镇长，以保护小镇的美景及环境，使之不因矿产的开采而遭受破坏。米契尔后来也曾竞选国会议员，他用一句"不要只看小白脸"的口号，将自己难看的脸转化成一项有利的资产。

一天，一位护士学院毕业的金发女郎来护理他，他一眼就断定这就是他的梦中情人，他将他的想法告诉了家人和朋友，大家都劝他：别再痴心妄想了，万一人家拒绝你多难堪呀！他说："不，万一成功了呢？万一她答应了呢？"米契尔决定去抓住哪怕只有万分之一的可能，他勇敢地向那位金发女郎约会、求爱。结果两年之后，那位金发女郎嫁给了他。米契尔经过不懈地努力，成为美国人心目中的英雄，也成为美国坐在轮椅上的国会议员，拿到了公共行政硕士学位，并持续他的飞行活动、环保运动及公共演说。

米契尔说："我瘫痪之前可以做1万种事，现在我只能做9000种，我可以把注意力放在我无法再做的1000件事上，或是把目光放在我还能做到的9000件事上，告诉大家我的人生曾遭受过两次重大的挫折，如果我能选择不把挫折拿来当成放弃努力的借口，那么，或许你们可以从一个新的角度，来看待一些一直让你们裹足不前的经历。你可想开一点，然后你就有机会说：或许那也没什么大不了的！"

要抓住万分之一的机会，可不是那么容易的，必须要有积极、乐观的人生态度；只有凡事往好处想，才能视困难为机遇和希望，才能迎难而上，增添生活的勇气和力量，战胜各种艰难险阻，赢得人生与事业的成功，那万分之一就成了百分之百。

心崩溃了，你的世界也就崩溃了

自甘堕落的人总认为自己是最不可救药的瘫痪者，这是人所能达到的最深的残废。因为他们不能自救，所以谁也救不了他们。

英国某报纸刊登了一张查尔斯王子与一位流浪汉的合影。这个面容憔悴、神志萎靡的流浪汉不是别人，他是查尔斯王子曾经的校友克鲁伯·哈鲁多。在一个寒冷的冬天，查尔斯王子拜访伦敦的穷人时，这个流浪汉突然说道："王子，我们曾经在同一所学校读书。""那是什么时候？"查尔斯王子反问道。流浪汉回答："在山丘小屋的高等小学，我们还曾经互相取笑彼此的大耳朵呢！"

原来，这个名叫克鲁伯·哈鲁多的流浪汉曾经有个显赫的家世，他的祖辈、父辈都是英国知名的金融家，他年幼时的确与查尔斯王子就读于同一所贵族学校。后来，他成了一个声誉不错的作家，并加入了英国成功者俱乐部。直到这个时候，应该说克鲁伯·哈鲁多都是让很多人羡慕的。那么他为何会落魄到今天这个境地？原来，在遭遇两度婚姻失败后，克鲁伯开始酗酒，最后由一名作家变成了流浪汉。但事实上，克鲁伯是被失败的婚姻打败的吗？

显然不是，打败他的俨然就是他的心态，从他放弃积极正面心态的那一刻起，他就已经输掉了自己的一生。

很多人就像这个流浪汉一样，不是被挫折打败，而是让自己毁于心态。如果你的内心认为自己失败了，那你就永远地失败了。诺尔曼·文森特·皮尔说："确信自己被打败了，而且长时间有这种失败感，那失败可能变成事实。"而如果你不承认失败，只是认为是人生一时的挫折，那你就会有成功的一天。

事实上，从根本上决定我们生命质量的不是金钱、不是权力、不是家世，甚至不是知识、不是学历，也不是能力，而是心态！一个健全的心态比一百种智慧更有力量。一个且歌且行，朝着自己目标永远前进的人，整个世界都会给他让路。

把生机紧紧攥在自己手里

得意也罢，失意也罢，都要坦然地面对生活的苦与乐。假如生活给我们的只是一次又一次的挫折，也没什么的，因为生活并没有夺走我们选择快乐和自由的权利。

心态是我们人生的向导，它能把我们从痛苦中引领出来。在沉重的打击面前，需要有处乱不惊的乐观心态。冷静而乐观，愉快而坦然。在生活的舞台上，要学会对痛苦微笑，要坦然面对不幸。

爱德华·埃文斯先生，从小生活在一个贫苦的家庭，起初只能靠卖报来维持生计，后来在一家杂货店当营业员，家里好几口人都靠着他的微薄工资来度日。后来他又谋得一个助理图书管理员的职位，依然是很少的薪水，但他必须干下去，毕竟做生意实在是太冒险了。在8年之后，他借了50美元开始了他自己的事业，结果事业的发展一帆风顺，年收入达两万美元以上。

然而，可怕的厄运在突然间降临了。他替朋友担保了一笔数额很大的贷款，而朋友却破产了。祸不单行，那家存着他全部积蓄的大银行也破产了。他不但血本无归，而且还欠了1万多美元的债，在如此沉重的双重打击下，埃文斯终于倒下了。他吃不下东西，睡不好觉，而且生起了莫名其妙的怪病，整天处于一种极度的担忧之中，大脑一片空白。

有一天，埃文斯在走路的时候，突然昏倒在路边，以后就再也不能走路了。家里人让他躺在床上，接着他全身开始腐烂，伤口一直往骨头里面渗了进去。他甚至连躺在床上也觉得难受。医生只是淡淡地告诉他：只有两个星期的生命。埃文斯索性把全部都放弃了，既然厄运已降临到自己头上，只有平静地接受它。他静静地写好遗嘱，躺在床上等死，人也彻底放松下来，闭目休息，却每天无法连续睡着两小时以上。

时间一天一天过去，由于心态平静了，他不再为已经降临的灾难而痛苦，他睡得像个小孩子那样踏实，也不再无谓地忧虑了，胃口也开始好了起来。几星期后，埃文斯已能挂着拐杖走路，6个星期后，他又能工作了。只不过是以前他一年赚两万美元，现在是一周赚30美元，但他已经感到万分高兴了。

他的工作是推销用船运送汽车时在轮子后面放的挡板，他早已忘却了忧虑，不再为过去的事而懊恼，也不再害怕将来，他把自己所有的时间、所有的精力、所有的热忱都用来推销挡板，日子又红火起来了，不过几年而已，他已是埃文斯工业公司的董事长了。

量子论之父马克斯·普朗克的一生并不是一帆风顺的。中年的时候妻子逝世；在第一次世界大战期间，他的长子卡尔在法国负伤身亡；他的两个孪生女儿也都在生孩子后不久，相继去世。

第二次世界大战中，不幸的遭遇又一次降临到普朗克的头上。他的住宅因飞机轰炸而焚毁，他的全部藏书、手稿和几十年的日记，全部化为灰烬。1944年末，他的次子被认定有密谋暗杀希特勒的"罪行"而被警察逮捕。普朗克虽采取了多方的救助，但依旧没能挽救得了儿子的性命。

对于这些不幸，普朗克说："我们没有权利只得到生活给我们的所有好事，不幸是自然状态……生命的价值是由人们的生活方式来决定的。所以人们一而再、再而三地回到他们的职责上，去工作，去向最亲爱的人表明他们的爱。这爱就像他们自己所愿意体验到的那么多。"

一个人的坦然，是一种生存的智慧。生活的艺术，是看透了社会人生以后所获得的那份从容、自然和超然。

一个人要能自在自如地生活，心中就需要多一份坦然。笑对人生的人比起在曲折面前悲悲戚戚的人，始终坚信前景美好的人较之脸上常常阴云密布的人，更能得到成功的垂青。

在危机中为自己创造新的契机

危机总是突如其来,有人为它烦恼,有人为它哭泣,也有人为它改变。正确对待危机,我们将离成功更近一步;消极地对待危机,我们将会被危机困住,最终走向失败。

一个由7名探险家组成的团队在崇山峻岭中穿行,他们经过一座险恶的石山下时,山体发生迸裂,十几块巨石轰然而下,7名探险家中有6人瞬间被乱石砸死,而唯一幸存的那位只是受了点轻伤。事后,媒体问他:"你只是侥幸没有被石头砸中吗?""不是,"探险家说:"当头上有东西掉下来时,绝大多数人的反应,第一是把眼一闭,第二是把头一缩,其实这对于避开危险没有任何用处。我面对危险抬起了头,从而得以避开巨石的袭击。"

在危机发生的时候,不要对危机产生过分的恐惧,而应尽一切可能去挽救。只有这样,才能最大限度地躲避人生中的灾难,尽可能完好地生活在这个充满危机的世界上。

美国的"波音公司"和欧洲的"空中客车公司"曾为争夺日本"全日空"的一笔大生意而争得不可开交,双方都想尽各种办法,力求争取到这笔生意。由于两家公司的飞机在技术指标上不

相上下，报价也差不多，"全日空"一时拿不定主意。

可就在这关键时刻，短短两个月的时间里，就发生了3起波音客机的空难事件。一时间，来自四面八方的各种指责向着波音公司扑面而来，"波音公司"产品质量的可靠性受到了前所未有的质疑。这对正在与"空中客车"争夺那笔买卖的"波音公司"来说，无疑是一个丧钟般的讯号。许多人都认为，这次"波音公司"肯定要败下阵来了，但"波音公司"的董事长威尔逊却不这样想。他马上采取了补救措施，向公司全体员工发出了动员令，号召公司全体上下一齐行动起来，采取紧急应变措施，力闯难关。

他先是扩大了自己的优惠条件，答应为"全日空航空公司"提供财务和配件供应方面的便利，同时低价提供飞机的保养和机组人员培训；接着，又针对"空中客车"飞机的问题采取对策，在原先准备与日本人合作制造A-3型飞机的基础上，提出了愿和他们合作制造较A-3型飞机更先进的767型机的新建议。空难前，波音原定与日本三菱、川琦和富士三家著名公司合作制造767客机的机身。空难后，波音不但加大了给对方的优惠，而且还主动提供了价值5亿美元的订单。通过打外围战，波音公司博取到日本企业界的普遍好感。在这一系列努力的基础上，波音公司终于战胜了对手，与"全日空"签订了高达10亿美元的成交合同。这样，波音公司不光渡过了难关，还为自己开拓了日本这个市场，打了一场反败为胜的漂亮仗。

出现危机并不可怕，可怕的是被危机吓得跌倒在地，自暴自弃。危机未必就是坏事，它有时反而会成为一个新的契机。所有的坏事情，只有在我们认定它不好的情况下，才会真正成为不幸事件。

从被人推倒的地方重新爬起来

任何希望成功的人必须有永不言败的决心,并找到战胜失败、继续前进的法宝。不然,失败必然导致失望,而失望就会使人一蹶不振。

艾柯卡曾任职世界汽车行业的领头羊——福特公司。由于其卓越的经营才能,艾柯卡的地位节节高升,直至做到福特公司的总裁。

然而,就在他的事业如日中天的时候,福特公司的老板——福特二世却出人意料地解除了艾柯卡的职务,原因很简单,因为艾柯卡在福特公司的声望和地位已经超越了福特二世,所以他担心自己的公司有朝一日会改姓为"艾柯卡"。

此时的艾柯卡可谓是步入了人生的低谷,他坐在不足十平方米的小办公室里思绪良久,终于毅然而果断地下了决心:离开福特公司。

在离开福特公司之后,有很多家世界著名企业的头目都曾拜访过他,希望他能重新出山,但被艾柯卡婉言谢绝了。因为他心中有了一个目标,那就是"从哪里跌倒的,就要从哪里爬起来"!

他最终选择了美国第三大汽车公司——克莱斯勒公司,这不仅因为克莱斯勒公司的老板曾经"三顾茅庐",更重要的原因是此时的克莱斯勒已是千疮百孔,濒临倒闭。他要向福特二世和所有人证明:我艾柯卡不是一个失败者!

入主克莱斯勒之后的艾柯卡,进行了大刀阔斧的整顿和改革,终于带领克莱斯勒走出了破产的边缘。艾柯卡拯救克莱斯勒已经成为一个著名的商业案例。

有人把你推倒了,如果你的内心认为自己失败了,那你就永远地失败了。诺尔曼·文森特·皮尔说:"确信自己被打败了,而且长时间有这种失败感,那失败可能变成事实。"而如果你不承认失败,只是认为是人生一时的挫折,那你就会有成功的一天。

失败是对一个人人格的考验,在一个人除了自己的生命以外,一切都已丧失的情况下,内在的力量到底还有多少?没有勇气继续奋斗的人,自认挫败的人,那么他所有的能力,便会全部消失。而只有毫无畏惧、勇往直前、永不放弃人生责任的人,才会在自己的生命里有伟大的进展。

就算跌倒100次，也要第101次爬起来

成功的路上纵然多荆棘，多坎坷，但是心中若有梦想，就一定要坚持，要激情永在。不坚持，你的梦想再伟大，也无法成为现实，变不了现的梦想根本不值钱，那不过是个想法罢了。不是想要开宝马、奔驰吗？不奋斗，哪来的资本，所以一定要坚持，要实际行动起来，而不是放在嘴上说说就完事。

大卫·贝克汉姆是举世知名的足球运动员，但他最初却是一名"越野跑"选手。贝克汉姆加入车队不久，机会就来了，著名的 Essex 越野跑大赛将在 4 个月后隆重开幕。遗憾的是，他所在的车队知道这个消息时，报名截止日期已经过去了。尽管如此，车队的老板还是希望借助这个机会把车队的名气打出去。他去拜访大赛的组织者亨特里先生，希望事情能有转机，结果，碰了个软钉子，垂头丧气地回来了。但他并未死心，又派了几个得力的助手去拜访，结果依然无功而返。

大家都很沮丧，已经准备放弃了。这时，新人贝克汉姆自告奋勇："让我去试试吧，我相信自己能够说服亨特里先生。"老板看着这个乳臭未干的年轻人，摇了摇头："他是个不讲情面的人，孩子，你打动不了他。"

贝克汉姆把胸脯拍得咚咚响："我一定可以做到的！不过我要是成功了，我希望可以代表车队出战。"事情到了这个地步，老板也就抱着"死马当作活马医"的态度，答应了贝克汉姆的请求。

当晚，拿着老板给的地址，贝克汉姆顺利找到了亨特里的别墅，却被保姆拦在了门外。

"你好。"贝克汉姆礼貌地递上车队名片，说："请转告亨特里先生，我想和他聊聊赛车。"片刻后，保姆走了出来："对不起，先生说，你们已经来过几次了，没有必要再联系了。"贝克汉姆依然微笑着，说："没关系的，请转告亨特里先生，明天我还会来。"

第二天晚上，贝克汉姆早早来到了亨特里的别墅前，他在8点钟准时敲响房门，开门的依然是那位保姆。贝克汉姆微笑着说："请转告亨特里先生，我想和他聊聊赛车。"保姆不忍当面拒绝，进去请示了，片刻后，保姆出来说："孩子，你还是走吧。先生不愿意见你。"贝克汉姆仍不气馁，"我明天还是会来的。"

此后的3个月，贝克汉姆每天都来，周末的时候，还坚持一天过来拜访两次，尽管他一次都没见到亨特里先生。但贝克汉姆仍然没有放弃。

那个雨夜，在他又一次敲响房门后，保姆说："孩子，我给你算过了，加上这次，你已经来过整整一百次了。我很佩服你，但我们先生应该不会见你，他正在看球。"当得知亨特里还是一名球迷时，贝克汉姆的眼前一亮，他冲着屋内大声说道："亨特里先生，我今天不跟你谈车，我们谈谈足球吧。"当听到亨特里房间里的电视声音弱了很多时，贝克汉姆开始大谈英格兰足球现状和自己的看法。

过了一会儿，门开了，亨特里走了出来，"你是个对足球有深刻见解的人，而且，你很执着，我相信你的未来是一片璀璨的。所以，我愿意与你谈谈这次比赛的细节。"接下来，两个人在书房里谈了两个小时，谈妥了贝克汉姆车队参加 Essex 越野跑大赛的所有细节。

1 个月后，Essex 越野跑大赛如期进行，凭着出色的表现，贝克汉姆摘得了 Essex 越野跑大赛的冠军。多年后，贝克汉姆转战足球，因为刻苦努力，坚持不懈，他的足球事业同样风生水起，他苦练出来的任意球和长传技术，也成了赛场上屡战屡胜的法宝。每一次去和球迷见面，都有不少球迷问他成功的秘诀，贝克汉姆总是语重心长地说："我想告诉你们的是，这个世界上没有什么比坚持更厉害的武器了，我要送给你们一句话，同时也是我人生的总结——一次挫折是失败，一百次挫折便是成功。"

认准的事儿，千万别放弃。有了第一次放弃，你的人生就会习惯于知难而退，可是如果你克服过去，你的人生就会习惯于迎风破浪地前进，看着只是一个简单的选择，其实影响非常大，会使你走向截然不同的人生。

只要还在尝试，就还没有失败

　　失败有泪水，坚持有泪水，成功也有泪水，但是这些泪水都是不一样的，或苦，或涩，或甜。只有品尝过了苦涩的，才能尝到甘甜的。其实，每一次失败，都是意味着下一个成功的开始；每一次的磨难带来的考验，都会给我们带来一分收获；每一次流下的泪水，都有一次的醒悟；每一分坎坷，都有生命的财富；每一次拼搏出来的伤痛，都是成长的支柱。人活着，不可能一帆风顺，想拼搏就必然会经历一些挫折，而最终的结果，则取决于我们对待失败的态度。

　　美国人希拉斯·菲尔德先生退休的时候已经积攒了一大笔钱，足够过上富裕的日子。然而这时他又突发奇想，想在大西洋的海底铺设一条连接欧洲和美国的电缆。随后，他就开始全身心地推动这项事业。

　　菲尔德先生首先做了一些前期的基础性工作，包括建造一条1000英里长，从纽约到纽芬兰圣约翰的电报线路。纽芬兰400英里长的电报线路要从人迹罕至的森林中穿过，再加上铺设跨越圣劳伦斯海峡的电缆，整个工程十分浩大。菲尔德使尽浑身解数，总算从英国得到了资助。随后，菲尔德的铺设工作就开始了。电缆一头搁在停泊于塞巴斯托波尔港的英国旗舰"阿伽门农"号上，另一头放在美国海军新造的豪华护卫舰"尼亚加拉"号上。没想到，就在电缆铺设到 5 英里的时候，它突然卷到了机器里面，被切断了。

　　第一次尝试失败了，菲尔德不甘心，又进行了第二次试验。试验中，在铺好 200 英里长的时候，电流中断了，船上的人们在甲板上焦急地踱来踱去，好像死神就要降临一样。就在菲尔德先生准备放弃这次试验时，电流又神奇地出现了，一如它神奇地消失一样。夜间，船以每小时 4 英里的速度缓缓航行，电缆的铺设也以每小时 4 英里的速度进行。这时，轮船突然发生了一次严重倾斜，制动闸紧急制动，电缆又被割断了。

　　但菲尔德并不是一个在失败面前容易低头的人。他又购买了 700 英里长的电缆，而且还聘请了一个专家，请他设计一台更好的机器。后来，在英美两国机械师的联手下才把机器赶制出来。最终，两艘军舰在大西洋上会合了，电缆也接上了头；随后，两艘船继续航行，一艘驶向爱尔兰，另一艘驶向纽芬兰。在此期间，又发生了许多次电缆被割断和电流中断的情况，两艘船最后不得不返回爱尔兰海岸。

　　在不断的失败面前，参与此事的很多人一个个都泄了气；公众舆论也对此流露出怀疑的态度；投资者也对这一项目失去了信心，不愿意再投资。这时候，菲尔德先生用他百折不挠的精神和他天才的说服力，使这一项目得以继续进行。菲尔德为此日夜操劳，甚至到了废寝忘食的地步。他决不甘心失败。

　　于是，尝试又开始了。这次总算一切顺利，全部电缆成功地铺设完毕且没有任何中断，几条消息也通过这条横跨大西洋的海底电缆发送了出去，一切似乎就要大功告成了。但就在举杯庆贺时，突然电流又中断了。这时候，除了菲尔德和一两个朋友外，几乎没有人不感到绝望的。但菲尔德始终抱有信心，正是由于这种毫不动摇的信心，使他们最终又找到了投资人，开始了新一轮的尝试。这一次终于取得了成功。菲尔德正是凭着这种不畏失败的精神，才最终取得了一项辉煌的成就。

很多成功的人在尝试之初难免要遭受一定的失败，这是毫无疑问的，毕竟世界上的事情都不可能是一帆风顺的。那么，同样是失败的尝试，为什么有的人最终成功了呢？原因很简单，那些成功的人在尝试失败之后挺住了，挺住了失败带给他们的苦难，所以最终才能品尝到成功的甘甜，才能感悟到成功带给他们的喜悦泪水。

摔倒了，也要抓起一把沙子来

虽说失败是成功之母。不过，这是有前提的，如果总是"记吃不记打"，那么失败多少次，也只会一次一次摔得头破血流，记不住教训，也不可能成功。只有在摔倒后及时检讨自己失败的原因，从中汲取教训，从而改进自己，指导自己才是正确的人生态度。只有懂得利用失败的人，才能获得最终的成功。

第六篇 收拾一地的碎片，重新再来

菲尔·耐特年轻的时候和大多数同龄人一样，喜欢运动，打篮球、棒球、跑步，并对阿迪达斯、彪马这类运动品牌十分熟悉。耐特一直很喜欢运动，几乎达到了狂热的程度，他高中的论文几乎全都是跟运动有关的，就连大学也选择的是美国田径运动的大本营——俄勒冈大学。

可惜，耐特的运动成绩并不好。他最多只能跑 1 英里，而且成绩普通，他拼了命才能跑 4 分 13 秒，而跑 1 英里的世界级运动员最低录取线为 4 分钟，就是这多出的 13 秒决定了他与职业运动员的梦想无缘。

像耐特这样 1 英里跑不进 4 分钟的运动员还有很多，尽管他们不甘心被淘汰，但都无法改变这种命运，只得选择了放弃。不过耐特不想放弃，他认真分析了自己失败的原因之后，认为那次的失败不是他的错，完全是他脚上穿的鞋子的错。

于是，耐特找到了那些跟他一起被淘汰的运动员，跟他们说了自己的想法。他们也一致表示，鞋子确实有问题。不过在训练和比赛中，运动员患脚病是经常的事，而且很多年以来，运动员都是穿这种鞋子参加训练和比赛的，很少有人想办法解决鞋子的问题。

虽然运动员是做不成了，但是耐特决定要设计一种底轻、支撑力强、摩擦力小且稳定性好的鞋子。这样，就可以帮助运动员，减少他们脚部的伤痛，让他们跑出更好的成绩来。耐特希望自己的鞋子能够让所有的运动员都充分发挥出自己的潜能，不再因为鞋子的原因而失败。

说干就干，耐特跟自己的教练鲍尔曼合作，精心设计了几幅运动鞋的图样，并请一位补鞋匠协助自己做了几双鞋，免费送给一些运动员使用。没想到，那些穿上他设计的鞋子的运动员，竟然跑出了比以往任何一次都好的成绩。

从此耐特信心大增，他为这种鞋取了个名字——耐克，并注册了公司。让人意想不到的是，这个平凡的小伙子创造的耐克，后来甚至超过了阿迪达斯在运动领域的支配地位。1976 年，耐克公司年销售额仅为 2800 万美元；1980 年却高达 5 亿美元，一举超过在美国领先多年的阿迪达斯公司；到 1990 年，耐克年销售额高达 30 亿美元，把老对手阿迪达斯远远地抛在后面，稳坐美国运动鞋品牌的头把交椅，创造了一个令人难以置信的奇迹。

耐特虽然一辈子无法成为职业运动员，但却让所有运动员不再为脚病而苦恼，并成功地把耐克做成了一个传奇。当年与耐特一起被淘汰的运动员不计其数，他们跟耐特一样跌倒了，但是爬起来之前，收获却不一样。耐特爬起来之后，走得很高很远，因为他看准了，自己需要注意的不是自己的速度，而是鞋子。正因为耐特跌倒了能够思考，能够把收获用在以后的日子里，所以他能取得非常高的成就。

失败，可以成为站得更稳的基石，也能成为再一次栽倒的陷阱，如何选择，全在于你面对失败的态度。

跌倒不仅仅是一种不愉快的体验，更是成功的开始。只要能理性地分析跌倒的教训，甚至是别人跌倒的教训，从中寻找出带有普遍性的规律和特点，就可以指导我们今后的行动。古今中外，有识之士无不从自己或他人的教训之中寻找良方，避免重复的失误，从而获得成功。教训是自己和他人的前车之鉴，是一笔宝贵的财富。

在失败的废墟里，也能挖出金子

这世界除了心理上的失败，实际上并不存在什么失败。

失败并不可耻，不失败才是反常，重要的是面对失败的态度，是能反败为胜，还是就此一蹶不振？聪明人，绝不会因为失败而怀忧丧志，而是回过头来分析、检讨、改正，并从中发掘重生的契机。

日本人西村金助原是一个身无分文的穷光蛋，但是他从没对自己有一天能成为富翁产生过怀疑。他顽强进取，处处留心，做生活的有心人，做致富的有心人。他的这种积极的心态帮助了他。面对现状他不沮丧、不气馁，而是力求向上，力求改变现状，这种心态终于使他成功了。

西村先借钱办了一个制造玩具的小沙漏厂。沙漏是一种古董玩具，它在时钟未发明前用来测算每日的时辰。时钟问世后，沙漏已完成它的历史使命，而西村金助却把它作为一种古董来生产销售。

沙漏当时的市场已经很小了，而它所面临的买主——孩子们也逐渐对它失去了兴趣。因而，销售量逐渐由多到少。但西村金助一时找不到其他比较适合的工作，只能继续干他的老本行。沙漏的需求越来越少，西村金助最后只得停产。但他并不气馁，他完全相信自己能够战胜眼前的困难。于是他决定先好好休息和轻松一下。他每天都找些乐趣，看看棒球赛、读读书、听听音乐、或者领着妻子孩子外出旅游。但他的头脑一刻也没有停止开拓的思考。机会终于来了。一天，西村翻看一本讲赛马的书，书上说："马匹在现代社会里失去了它运输的功能，但是又以高娱乐价值的面目出现。"在这不引人注目的两行字里，西村好像听到了上帝的声音，高兴地跳了起来。他想："赛马的马匹比运货的马匹值钱。是啊！我应该找出沙漏的新用途！"

机会总是偏爱有准备的头脑，西村金助重新振作起来，把心思又全都放到他的沙漏上。经过几天的苦苦思索，一个构思浮现在西村的脑海，做个限时3分钟的沙漏，在3分钟内，沙漏里的沙子就会完全落到下面来。把它装在电话机旁，这样打长途电话时就不会超过3分钟，电话费就可以有效地控制了。

制作沙漏，对于西村而言，早已是轻车熟路。这个东西设计上非常简单，把沙漏的两端嵌上一个精致的小木板，再接上一条铜链，然后用螺丝钉钉在电话机旁就行了。不打电话时还可以做装饰品，看它点点滴滴落下来，虽是微不足道的小玩意儿，却能调剂一下现代人紧张的生活。

除了极少数的富翁，谁不想控制自己的电话费呢？而西村金助的新沙漏可以有效地控制通话时间，售价又非常便宜。因此一上市，销路就很不错，平均每个月能售出3万个。这项创新使原本没有前途的沙漏转瞬间成为对生活有益的用品，销量成千倍地增加，面临倒闭的小作坊很快变成一个大企业。西村金助成功了。如果我们说西村这次大的成功机会源于他前面的失败，恐怕没人会反对。

失败可以帮助人再思考、再判断与重新修正计划，而且经验显示，通常重新检讨过的意见会比原来的更好。

失败其实是一种必要的过程，而且也是一种必要的投资。数学家习惯称失败为"或然率"，科学家则称为"实验"，如果没有前面一次又一次的"失败"，哪里有后面所谓的"成功"？

收起眼泪，再上一级

你可以让自己的一生在痛苦中度过，然而无论你多么痛苦，甚至痛不欲生，你也无法改变现实。痛苦不是问题本身带来的，我们需要改变的是对于问题的看法，这会引导我们走向解脱。

有一位朋友，刚刚升职 1 个多月，办公室的椅子还没坐热，就因为工作失误被裁了下来，雪上加霜的是，与他相恋了 5 年的女友在这时也背叛了他，跟着一个土豪走了。事业、爱情的双失意令他痛不欲生，万念俱灰的他爬上了以前和女友经常散步的山。

一切都是那么的熟悉，又是那么的陌生。曾经的山盟海誓依稀还在耳边，只是风景依旧，物是人非。他站在半山腰的一个悬崖边，往事如潮水般涌上心头，"活着还有什么意思呢？"他想，"不如就这样跳下去，反倒一了百了。"

他还想看看曾经看过的斜阳和远处即将靠岸的船只，可是抬眼看去，除了冰冷的峭壁，就是阴森的峡谷，往日一切美好的景色全然不见。忽然间又是狂风大作,乌云从远处逐渐蔓延过来,似乎一场大雨即将来临。他给生命留了一个机会,他在心里想"如果不下雨,就好好活着,如果下雨就了此余生"。

就在他闷闷地抽烟等待时,一位精神矍铄的老人走了过来,拍拍他的肩膀说:"小伙子,半山腰有什么好看的?再上一级,说不定就有好景色。"老人的话让他再也抑制不住即将决堤的泪水,他毫无保留地诉说了自己的痛苦遭遇。这时,雨下了起来,他觉得这就是天意,于是不言不语,缓缓向悬崖边走去。老人一把拉住了他,"走,我们再上一级,到山顶上你再跳也不迟。"

奇怪的是,在山顶他看到了截然不同的景色。远方的船夫顶着风雨引吭高歌,扬帆归岸。尽管风浪使小船摇摆不定,行进缓慢,但船夫们却精神抖擞,一声比一声有力。雨停了,风息了,远处的夕阳火一样地燃烧着,晚霞鲜艳得如同一面战旗,一切显得那么生机勃勃。他自己也感到奇怪,仅仅一级之差,一眼之别,却是两个不同的世界。

他的心情被眼前的图画渲染得明朗起来。老人说:"看见了吗?绝望时,你站在下面,山腰在下雨,能看到的只是头顶沉重的乌云和眼前冰冷的峭壁,而换了个高度和不同的位置后,山顶上却风清日丽,另一番充满希望的景象。一级之差就是两个世界,一念之差也是两个世界。孩子,记住,在人生的苦难面前,你笑世界不一定笑,但你哭脚下肯定是泪水。"

几年以后,他有了自己的文化传播公司。他的办公室里一直悬挂着一幅山水画,背景是一老一少坐在山顶手指远方,那里有晚霞夕阳和逆风归航的船只。题款为:"再上一级,高看一眼"。

当人生的理想和追求不能实现时、当那些你以为不能忍受的事情出现时，请换一个角度看人生，换个角度，便会产生另一种哲学，另一种处世观。

　　一样的人生，异样的心态。换个角度看人生，就是要大家跳出来看自己，跳出原本的消极思维，以乐观豁达、体谅的心态来观照自己、突破自己、超越自己。你会认识到，生活的苦与乐、累与甜，都取决于人的一种心境，牵涉到人对生活的态度，对事物的感受。你把自己的高度升级了，跳出来换个角度看自己，就会从容坦然地面对生活，你的灵魂就会在布满荆棘的心灵上作出勇敢的抉择，去寻找人生的成熟。

生命再黯淡也要保持眼睛的明亮

　　其实生活就是一面镜子，你对着它哭，它也对你哭；你对着它笑，它也对你笑。跌倒了，我们只要能够爬起来，就谈不上失败，坚持下去，就有可能成功。人这一生，不能因为命运坎坷而俯首听命，任凭它的摆布。等年老的时候，回首往事，我们就会发觉，命运只有一半在上天的手里，而另一半则由自己掌握，而我们要做的就是——运用手里所拥有的去获取上天所掌握的。我们的努力越超常，手里掌握的那一半就越庞大，获得的也就越丰硕。相反，如果我们把眼光拘泥在挫折的痛感之上，就很难再有心思为下一步做打算，那么我们可能真的就再也爬不起来了。

一夜之间，一场雷电引发的山火烧毁了美丽的"森林庄园"，刚刚从祖父那里继承了这座庄园的哈文陷入了一筹莫展的境地。百年基业，毁于一旦，怎不叫人伤心。

哈文决定倾其所有修复庄园，于是他向银行提交了贷款申请，但银行却无情地拒绝了他。

再也无计可施了，这位年轻的小伙子经受不住打击，闭门不出，眼睛熬出了血丝，他知道自己再也看不见曾经郁郁葱葱的森林了。

1个多月过去了，年已古稀的外祖母获悉此事，意味深长地对哈文说："小伙子，庄园成了废墟并不可怕，可怕的是，你的眼睛失去了光泽，一天一天地老去，一双老去的眼睛，怎么能看得见希望……"

哈文在外祖母的说服下，一个人走出了庄园。

深秋的街道上，落叶凋零一地，一如他凌乱的心绪。他漫无目的地闲逛，在一条街道的拐弯处，他看到一家店铺的门前人头攒动。他下意识地走了过去，原来是一些家庭主妇正在排队购买木炭。那一块块木炭忽然让哈文的眼前一亮，他看到了一丝希望。

在接下来的两个星期里，哈文雇了几名炭工，将庄园里烧焦的树木加工成优质的木炭，分装成1000箱，送到集市上的木炭经销店。

结果，木炭被抢购一空，他因此得到了一笔不菲的收入，然后他用这笔收入购买了一大批新树苗。几年以后，"森林庄园"再度绿意盎然。

一把火可以烧毁的只是一时的希望，即使在一片死灰里同样可能蕴藏着生机，无论面对什么，只要能永远保持一双明亮的眼睛，就意味着处处都有转机。

放下抱怨，抖擞精神，一路向前

抱怨是一种流行病，你的抱怨会唤起他人的共鸣，让抱怨成为一种传递的心灵疾病，不但不能找到解决的方法，还可能让你因为抱怨的快感而升级抱怨的程度，最终又可能导致不可收拾的结果。

抱怨是最消耗能量的无益举动。有时候，我们的抱怨不仅会针对人、也会针对不同的生活情境，表示我们的不满。而且如果找不到人倾听我们的抱怨，我们会在脑子里抱怨给自己听。而正是这些抱怨，让我们彻底失去了改变现状的机会。

张凡大学毕业以后，进入一家公司的策划部门工作，连主管在内，策划部一共5个人。因为张凡文笔好，很快受到经理的重视，公司的一些活动方案都交给张凡起草。一般情况下，张凡起草的活动方案，主管稍加改动，就会直接报给公司最高层，大多数都能通过审核付诸实施，但有时也会因某些公司领导的想法突然改变，需要重新进行调整。

有一次，公司要开展一次送温暖下基层的活动，起草方案的活儿自然落在张凡头上。张凡先与对方进行了联系沟通，详细地了解当地的情况和对方的需求，然后再根据公司的具体情况，很快起草完成了整个活动的方案。方案送上去后，得到了公司高层领导的好评，说不愧是一份既详细周到，又节约实用的好方案。张凡为此暗自得意了很多天。

可是，就在这次活动开始的头天夜里，张凡已经睡下了，朦胧中手机铃声响了起来，是公司秘书小雯打来的。她告诉张凡，公司领导临时改变决定，那份活动方案需要修改，要张凡马上回公司。张凡一看，已经是凌晨2点多了。"哪有这样折腾人的！"张凡十万个不愿意，但又不得不拿起外套往公司赶，心里直抱怨公司的领导怎么会如此朝令夕改，并且完全不顾及员工的感受，还说什么以人为本。到了公司一看，主管也在。虽然很快完成了方案的修改，但大家都觉察出了张凡的不满情绪。

也不知道为什么，自从这件事后，张凡的心理发生了一些变化，他的抱怨开始多了起来，一点小事都会斤斤计较，慢慢地，抱怨的情绪逐渐占据了张凡的内心。久而久之，同事们开始对张凡产生了意见，慢慢地疏远了他。公司领导也不再让他承担主要工作，而是叫他配合其他同事。

不如意的人和事随时会出现在我们的周围，一旦事情发生了，我们就会不开心，会忧虑紧张，会感觉到各种压力，但是我们不要抱怨，要做的就是积极调整自己的心态，以理智解决问题，最终就能够让自己的心灵得到放飞。

如果你研读马云的人生就会发现，在前37年里，他的人生就充斥着两个字：失败。37岁之后，他突然就成功了，秘诀就四个字：永不抱怨。马云经常谈起他年轻时投履历到肯德基的故事。"当时有25个人一起去应征，24人都应征上了，只有1个没应征上，那个人就是我！"马云说。很多年轻人觉得很迷惘、很彷徨，他也曾经彷徨过，投过 30 多封履历都没有企业录取他，如果没有经过三十几年的彷徨，就没有今天的他。

我们可以这样看：天下只有三种事：我的事，他的事，老天的事。抱怨自己的人，应该试着学习接纳自己；抱怨他人的人，应该试着把抱怨转化成宽恕；抱怨老天的人，应该试着用努力改变老天对待你的方式。这样一来，你的生活会有想象不到的大转变。

相信自己，总有一件事你能做好

就算是一块再贫瘠的土地，也会有适合它的种子。每个人，在努力而未成功之前，都是在寻找属于自己的种子。当然，你不能期望沙漠中有清新的芙蓉，你也不能奢求水塘里长出仙人掌，但只要找到适合自己的种子，就能结出丰盛的果实。

对于还在寻找种子的人们，道路虽然漫长而又艰辛，虽然看上去很迷茫，虽然荆棘密布、挫折重重，但只要坚信自己的能力，并且有毅力，那么必定会在某一时刻、某一地点找到属于自己的种子。

多年前，山区里有个学习不错的男孩，但他并没能考上大学，被安排在本村的小学当代课老师。由于讲不清数学题，不到一周

就被学校辞退了。父亲安慰他说，满肚子的东西，有人倒得出来，有人倒不出来，没有必要为这个伤心，也许有更适合你的事等着你去做。

后来，男孩外出打工。先后做过快递员、市场管理员、销售代表，但都半途而废。然而，每次男孩沮丧地回家时，父亲总是安慰他，从不抱怨。而立之年，男孩凭一点语言天赋，做了聋哑学校的辅导员。后来，他创立了一家自己的残障学校。再后来，他建立了残障人用品连锁店，这时的他，已经是身家千万了。

一天，他问父亲，为什么之前自己连连失败、自己都觉得灰心丧气时，父亲却对自己信心十足。

这位一辈子务农的老人回答得朴素而又简单。他说，一块地，不适合种麦子，可以试试种豆子；如果豆子也长不好的话，可以种瓜果；如果瓜果也不济的话，撒上一些荞麦种子一定能够开花。因为一块地，总会有一种种子适合它，也总会有属于它的一片收成。

每个人来到世界上，都有独特之处，都会存在独特的价值。换言之，每个人都是独一无二的，都有"必有用"之才。只是，也许有时才能藏匿得很深，需要全力去挖掘；有时才能又得不到别人的认可……但我们绝不能因此否认自己，更不能因为生活中的挫折、失败而怀疑自己的能力，因为信心这东西一旦失去，就会给我们的人生造成无法弥补的损失。

所以无论何时，都不要以为别人所拥有的种种幸福是不属于我们的，以为我们是不配有的，以为我们不能与那些命好的人相提并论。有人说，自信是成功的一半。是的，它还不是成功的全部，但是，如果我们还认识不到它的重要性，那总有一天你会连这一半的机会也失去。

很显然，命运是可以被改写的，自卑是可以被战胜的。战胜自卑的过程，其实就是磨炼心志、超越自我的过程。逆境之中，如果我们一味抱怨命运，认为自己是最不幸的那一个，那么自卑的魔咒就永远也无法解除。想要消除自卑，我们首先就要以一种客观、平和的心态看待自己，不要一直盯着自己的短处看，因为越是这样，我们就越会觉得自己一无是处。而只要你不放弃，总有一天会找到适合自己的种子。

若是有能力，处处都是你的舞台

失，不管是失落还是失意，无论是失利还是失败，总之沾了这个"失"字的事情，往往都让人很不舒服，甚至会因此产生莫大的悲哀。

然而，"失"或许并不值得沮丧，失去，也意味着新的获得。生活的辩证法告诉我们：有所得必有所失，有所失必有所得。只要我们真正悟透这个道理，当"失"不期而至的时候，能做到失中求悟，便可以失中有得。

李怀军是一个很有事业心的人，他在一家业务公司跟着老板

干

一干就是 5 年，从一个普通员工一直做到了分公司的总经理职位。在这 5 年里，公司逐渐成为同行业中的佼佼者，李怀军也为公司付出了许多，他很希望通过自己的努力让企业发展得更快、更好。然而就在他兢兢业业拼命工作的时候，李怀军发现老板变了，变得不思进取、独断专行，对自己也渐渐地不信任，许多做法都让人难以理解，而李怀军自己也找不到昔日干事业的感觉了。

同样，老板也看李怀军不顺眼，说李怀军的举动使公司的工作进展不顺利，有点碍手碍脚。不久，老板把李怀军解雇了。

从公司出来后，李怀军并没有气馁，他对自己的工作能力还是充满了信心。不久，李怀军发现有一家大型企业正在招聘一名业务经理，于是将自己的简历寄给了这家企业，没过几天他就接到面试通知，然后便是和老总面谈，最终顺利得到了这一职位。工作了大约 1 个月时间，李怀军觉得自己十分欣赏该公司总经理的气魄和工作能力。同时，他也感到总经理同样十分赏识他的才华与能力。在工作之余，总经理经常约他一起去游泳、打保龄球或者参加一些商务酒会。

在工作中，李怀军感觉公司的企业标志设计得相当烦琐，虽然有美感，但却缺乏应有的视觉冲击力，便大胆地向总经理提出更换图标的建议。没想到总经理也早有此意，就把这件事安排给他。为了把这项工作做好，李怀军亲自求助于图标设计方面的专业人士，从他们提供的作品中选出了比较满意的一件。当他把设计方案交给总经理的时候，总经理大加赞赏，立马升李怀军为公司副总，薪水增加了一倍。

谁也不能说自己的工作就是个"铁饭碗"，在竞争激烈的今天，失业这种事可能随时会出现。有很多人因此痛苦不堪，其实未免小题大做。你要是有才能，处处都是你发挥的舞台。何况，失业本身也不见得就是一件坏事，就像李怀军一样，很多人正是由于失去工作之后，才发现了自己更大的潜力，从而使自己获得了一个更广阔的发展空间。